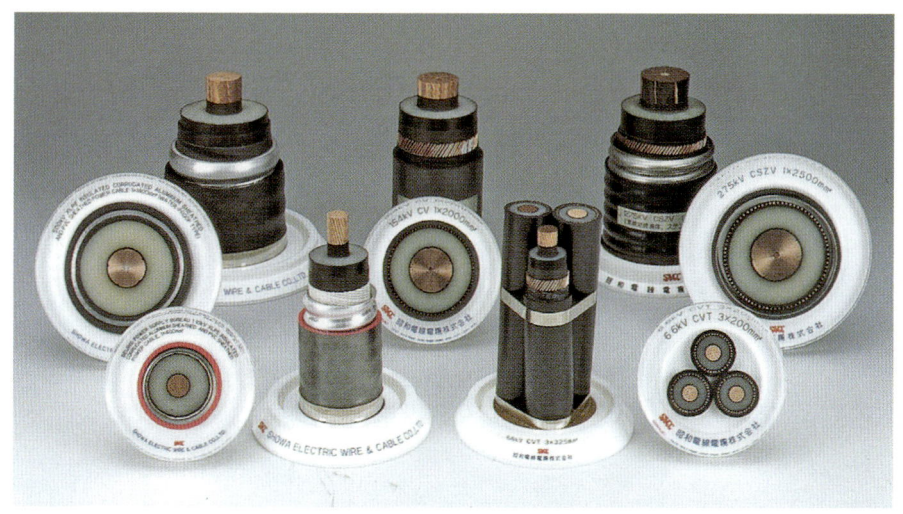

CV ケーブル

OF ケーブル

各種電力ケーブル（株式会社エクシム 提供）：p.44 参照

単結晶シリコンインゴットとシリコンウェーハ

石英るつぼに装填された多結晶シリコン

単結晶シリコン製造工程1（株式会社 SUMCO 提供）：p.71 参照

CZ法による単結晶シリコン引上げ装置

引上げ中の単結晶シリコン

単結晶シリコン製造工程2（株式会社 SUMCO 提供）：p.71 参照

EV用制御弁式鉛蓄電池

産業用制御弁式鉛蓄電池

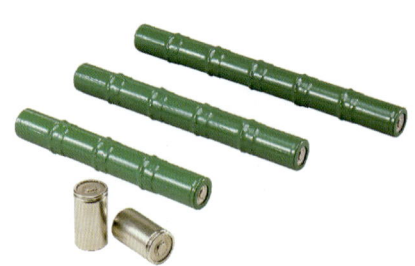
環境対応車用ニッケル水素電池

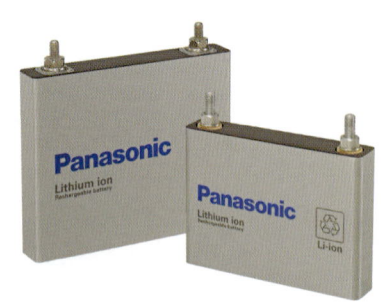
環境対応車用リチウムイオン電池

ハイブリッド車用ニッケル水素電池システム
（カットモデル）

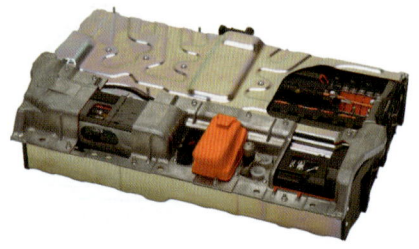
ハイブリッド車用リチウムイオン電池システム
（カットモデル）

各種二次電池（パナソニック株式会社 提供）：p.172 参照

現代電気電子材料

工学博士 山本 秀和
博士(工学) 小田 昭紀 共著

コロナ社

まえがき

　携帯端末やカーエレクトロニクスにおける新機能を実現するための電子機器に用いられる電子材料の進展は目覚ましく，新規の要求に対応するため，日々進化している。したがって，おもに電子材料を扱った教科書は数年単位で内容が更新されている。

　一方，電気材料を扱った教科書は，適用対象が送配電線や電動機/発電機の巻線などの確立された技術対応のためか，再版を重ねるだけで10年以上も内容が更新されないまま発行されているのが現状である。

　しかしながら，日本は，東日本大震災という1000年に一度といわれる大災害に見舞われ，現在，エネルギー供給体制の一大変換に迫られている。これまで盲目的に導入されてきた原子力発電に頼るわけにはいかず，自然エネルギーを利用した太陽光発電などの導入や，それを支える蓄電池の高効率化が強く望まれている。元来電気工学という分野は，電気エネルギーを扱う分野である。にもかかわらず，電気材料の教科書が10年もの間更新されないというのは，大学で電気材料を教える教員の怠慢といわざるを得ない。筆者は，2011年から電気材料の講義を担当しているが，時代遅れの教科書を使用することに耐えられず，現状に合った教科書を作成するに至った。

　電気工学の最大のテーマである創エネ，省エネ，蓄エネ用の電気材料に関しては，積極的に取り入れた。特に，一般的な電気材料の教科書ではあまり取り扱われない燃料電池および蓄電池に関しては，太陽電池とともに独立した章で扱った。

　環境問題は，電気材料に限らず現在のすべての材料にとって，避けては通れないテーマである。鉛フリー化や代替フロンといった技術は，電気材料にとって必須である。それらを扱うのは当然であろう。また，電気電子機器には，レ

アメタル/レアアースが多く使用されている。近年，レアメタル/レアアースの獲得に関しては，国際間で大問題となってきた。中国の囲い込みなどにどう対処するかが，日本の製造業の大きな課題である。逆に，このことを契機に代替材料を用いた機器の開発につながることにもなった。今後の日本を支えていくエンジニアに，電気電子材料の現状を知らしめることも本書の重要な役割と考えている。

半導体材料に関しては，一般的な電気電子材料の教科書では，ダイオードやトランジスタなどの簡単な説明を記載しているものが多い。しかしながら，そのような内容は，半導体の専門書に詳しく解説されており，材料に関する教科書として適切な内容とは思われない。したがって本書では，すべての半導体デバイス製造の基本となる半導体ウェーハの製造法を詳細に説明する。

本書は，6章から構成されている。1章では，電気電子材料の基礎として，原子の構造と結合，その結果として構成される結晶とそのエネルギーバンド構造に関して解説する。2章から5章までは，電気電子材料を導電材料，半導体材料，誘電/絶縁材料，磁性材料に分類し，詳細に解説する。最後に，6章では，発電/蓄電用材料に関して解説する。環境問題からの要請やレアメタル/レアアースに関する話題は，関連する項目ごとに解説を加えた。なお，1章，2章，3章，6章は山本が，4章および5章は小田がそれぞれ分担執筆した。

2013年7月

著　者

目　　　次

1.　電気電子材料の基礎

1.1　原子構造と結合 ……………………………………………………………… 1
　1.1.1　材料の分類 ………………………………………………………… 1
　1.1.2　原子構造 …………………………………………………………… 2
　1.1.3　原子内電子の殻構造 ……………………………………………… 3
　1.1.4　元素の周期表 ……………………………………………………… 5
　1.1.5　原子/分子間の結合 ……………………………………………… 8
　1.1.6　混成軌道 …………………………………………………………… 11
　1.1.7　無機物と有機物 …………………………………………………… 13
　1.1.8　物質の状態 ………………………………………………………… 13
1.2　結晶構造とエネルギーバンド ……………………………………………… 14
　1.2.1　ブラベー格子 ……………………………………………………… 14
　1.2.2　ミラー指数 ………………………………………………………… 17
　1.2.3　エネルギーバンド ………………………………………………… 18
　1.2.4　結晶欠陥 …………………………………………………………… 20
　1.2.5　結晶構造とエネルギーバンド …………………………………… 23
1.3　電気電子材料の電気的性質と熱的性質の概要 …………………………… 25
　1.3.1　物質の導電率 ……………………………………………………… 25
　1.3.2　熱電効果 …………………………………………………………… 26

2.　導電材料

2.1　導電材料の基礎 ……………………………………………………………… 30

    2.1.1 物質の導電現象 ……………………………………………… 30
    2.1.2 電気抵抗の温度依存性 ……………………………………… 31
    2.1.3 金属の物質特性 ……………………………………………… 32
    2.1.4 不純物の影響 ………………………………………………… 33
    2.1.5 機械加工の影響 ……………………………………………… 34
    2.1.6 熱処理の影響 ………………………………………………… 35
    2.1.7 合金の導電率 ………………………………………………… 36
    2.1.8 超 伝 導 ……………………………………………………… 38
2.2 各 種 の 電 線 …………………………………………………… 40
    2.2.1 裸 電 線 ……………………………………………………… 40
    2.2.2 巻 線 ………………………………………………………… 42
    2.2.3 絶 縁 電 線 …………………………………………………… 43
    2.2.4 電力ケーブル ………………………………………………… 44
2.3 その他の導電材料 ………………………………………………… 46
    2.3.1 電気接点材料 ………………………………………………… 46
    2.3.2 抵 抗 材 料 …………………………………………………… 46
    2.3.3 低融点導電材料 ……………………………………………… 48
    2.3.4 透 明 導 電 膜 ………………………………………………… 49
    2.3.5 超 伝 導 材 料 ………………………………………………… 50

3. 半 導 体 材 料

3.1 半導体材料の基礎 ………………………………………………… 53
    3.1.1 半導体の特徴と分類 ………………………………………… 53
    3.1.2 半導体の結晶構造 …………………………………………… 55
    3.1.3 プロセス導入欠陥 …………………………………………… 58
    3.1.4 接 合 の 機 能 ………………………………………………… 59
    3.1.5 光 電 変 換 …………………………………………………… 61
    3.1.6 ルミネセンス ………………………………………………… 63
    3.1.7 直接遷移と間接遷移 ………………………………………… 63
    3.1.8 ホ ー ル 効 果 ………………………………………………… 64
3.2 各種の半導体材料 ………………………………………………… 66

	3.2.1	半導体の物性値	66
	3.2.2	バンドギャップ制御	68
3.3	半導体ウェーハ製造技術		70
	3.3.1	CZ法による単結晶シリコン育成	70
	3.3.2	FZ法による単結晶シリコン育成	72
	3.3.3	化合物半導体単結晶育成	73
	3.3.4	ウェーハ加工	75
	3.3.5	エピタキシャル成長	77
	3.3.6	MBE法/MOCVD法	78
	3.3.7	ウェーハ貼合せ	79
	3.3.8	デバイスプロセス用材料	80

4. 誘電/絶縁材料

4.1	誘電材料の基礎		83
	4.1.1	誘電材料の巨視的性質	83
	4.1.2	誘 電 分 極	85
	4.1.3	誘電分散と誘電吸収	90
	4.1.4	誘　電　損	91
	4.1.5	圧電性と焦電性	92
4.2	絶縁材料の基礎		93
	4.2.1	絶縁材料の導電現象	93
	4.2.2	気体の絶縁破壊機構	96
	4.2.3	固体の絶縁破壊機構	100
	4.2.4	液体の絶縁破壊機構	103
	4.2.5	絶縁破壊に伴う劣化	104
4.3	各種の誘電/絶縁材料		109
	4.3.1	誘電/絶縁材料に求められる性能	109
	4.3.2	コンデンサ用材料	110
	4.3.3	圧電・焦電材料	111
	4.3.4	気体絶縁材料	112
	4.3.5	液体絶縁材料	114

4.3.6 天然の固体絶縁材料 …………………………………………… 116
  4.3.7 熱可塑性樹脂 ………………………………………………… 117
  4.3.8 熱硬化性樹脂 ………………………………………………… 120
  4.3.9 合成ゴム ……………………………………………………… 121

5. 磁気材料

5.1 磁気材料の基礎 ……………………………………………………… 124
  5.1.1 磁気材料の巨視的性質 ……………………………………… 124
  5.1.2 磁性の根源 …………………………………………………… 125
  5.1.3 原子の磁気モーメント ……………………………………… 126
  5.1.4 磁性体の種類 ………………………………………………… 127
  5.1.5 磁区と磁化 …………………………………………………… 130
  5.1.6 強磁性体の磁化特性 ………………………………………… 135
5.2 各種の磁気材料 ……………………………………………………… 140
  5.2.1 高透磁率材料 ………………………………………………… 140
  5.2.2 永久磁石材料 ………………………………………………… 147
  5.2.3 その他の磁気材料 …………………………………………… 154

6. 発電/蓄電用材料

6.1 太陽電池用材料 ……………………………………………………… 160
  6.1.1 太陽電池の構造 ……………………………………………… 160
  6.1.2 太陽電池の動作原理 ………………………………………… 161
  6.1.3 各種の太陽電池 ……………………………………………… 164
  6.1.4 太陽光スペクトルと太陽電池の変換効率 ………………… 166
6.2 燃料電池用材料 ……………………………………………………… 167
  6.2.1 燃料電池の動作原理 ………………………………………… 167
  6.2.2 各種の燃料電池 ……………………………………………… 168
  6.2.3 燃料電池の用途 ……………………………………………… 172
6.3 蓄電用材料 …………………………………………………………… 172

6.3.1　蓄電池の分類 ……………………………………………… *172*
　　6.3.2　蓄電池の動作原理 …………………………………………… *173*
　　6.3.3　電気二重層キャパシタ ……………………………………… *177*
　　6.3.4　蓄電装置の比較 ……………………………………………… *178*

付　　　　録 ………………………………………………………………… *181*
参　考　文　献 ……………………………………………………………… *183*
索　　　　引 ………………………………………………………………… *184*

1　電気電子材料の基礎

1.1　原子構造と結合

1.1.1　材料の分類

　人類が用いる材料はさまざまな方法で分類できる。分類法の例を**表 1.1**に示す。原子配列により，単結晶，多結晶およびアモルファス（非晶質）に分類できる（1.2.5項参照）。さらに，結晶を構成する原子/分子間の結合方式により，共有結合，イオン結合，金属結合，水素結合などに分類できる（1.1.5項参照）。

表 1.1　材料の分類法の例

分類法	分類結果
原子配列	単結晶，多結晶，アモルファス（非晶質）
結合方式	共有結合，イオン結合，金属結合，水素結合
物質相	固相，液相，気相，超臨界状態，プラズマ状態
構成物質	無機物，有機物，複合物質，高分子
機能	構造材料，電気電子材料，磁気材料，光学材料
電磁気的性質	導電体，半導体，絶縁体/誘電体，磁性体

　物質は，存在する環境の温度や圧力によって状態が異なる。この状態により，固体，液体，気体および超臨界状態，プラズマ状態などに分類できる（1.1.8項参照）。固体，液体および気体の状態は，それぞれ**固相**，**液相**および**気相**と呼ばれる。さらに，構成物質によって，無機物，有機物およびそれらの複合物質，高分子に分類できる（1.1.7項参照）。

　材料の機能に注目すると，構造材料，電気電子材料，磁気材料，光学材料な

どに分類できる。さらに，電磁気的性質に着目すると，導電体，半導体，絶縁体/誘電体および磁性体に分類できる。2章以降では，この電磁気的性質による分類に従って解説する。

現在，人類は，エネルギー供給体制の一大変換に迫られている。その際の最重要課題となる発電／蓄電用材料に関しては，6章で解説する。

1.1.2 原 子 構 造

原子は，プラスの電荷を持った原子核と，同数のマイナスの電荷を持った電子で構成されている。**図1.1**に，原子構造の例として，酸素原子の模式図を示す。プラスの電荷は原子の中心に集中し原子核を形成する。**原子核**は，プラスの電荷を持った粒子である**陽子（プロトン）**と，電気的に中性な**中性子（ニュートロン）**で構成されている。電子は原子核の周りに分散して存在し，その軌道は殻構造を形成する。実際の原子の構造はこれほど単純ではないが，原子構造を直感的に考える場合には役に立つことが多い。

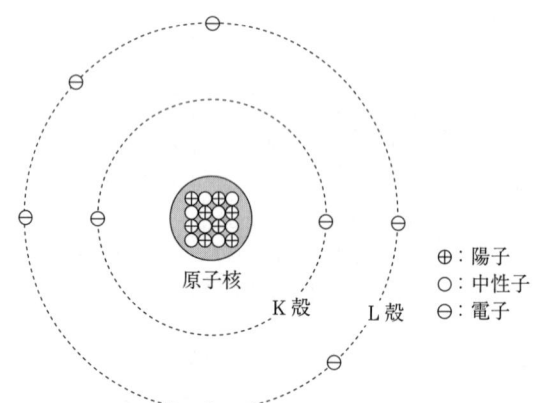

図1.1 原子構造の例
（酸素原子）

われわれの世界には**同位体（アイソトープ）**と呼ばれる，陽子の数が同じで中性子の数が数個異なる原子が存在する。原子のおもな性質は陽子の数で決まるため，このグループをまとめて**元素**と呼ぶ。したがって，同位体は，同じ元素のグループに属する異なる原子であると言い換えることができる。

1.1.3 原子内電子の殻構造

電子の軌道は内側から，K殻（$n=1$），L殻（$n=2$），M殻（$n=3$），N殻（$n=4$），…となり，それぞれの殻に入ることのできる電子の個数Nには以下の制限がある。

$$N = 2n^2 \tag{1.1}$$

ここで，nは**主量子数**と呼ばれる。

電子の軌道は，さらに，方位量子数l，磁気量子数mおよびスピン量子数sで規定される。**方位量子数**lは，電子の角運動を定め，0から$n-1$までの値を取り得る。このとき，$l=0, 1, 2, 3, 4, …$に相当する軌道をそれぞれs，p，d，f，g，…で表す。量子力学的な計算から求まるs軌道とp軌道を，**図1.2**に模式的に示す。量子力学では，実際の電子の分布は確率で表されるため，図に示した軌道は雲のようなものである。そのため，電子の軌道は**電子雲**と呼ばれる。

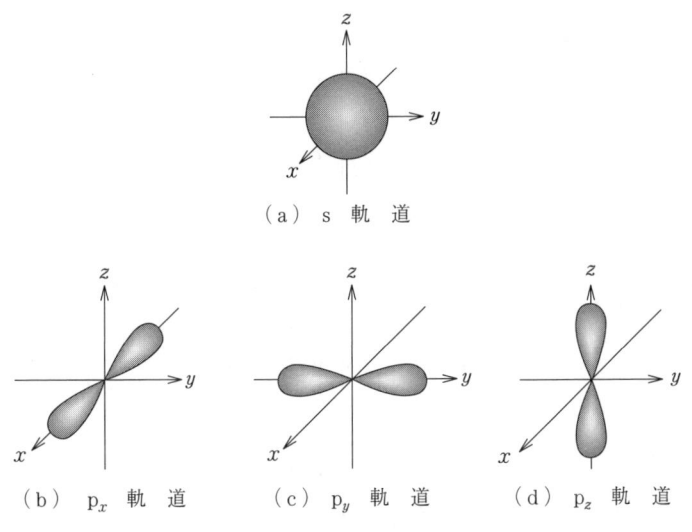

（a）s 軌道

（b）p_x 軌道　　（c）p_y 軌道　　（d）p_z 軌道

図1.2　s軌道とp軌道

磁気量子数mは，外部磁界に対して軌道面のなす角を定め，0から$\pm l$までの値を取り得る。**スピン量子数**sは，電子の持つ磁気モーメントが軌道による

1. 電気電子材料の基礎

表1.2 電子軌道（殻構造）と電子配列

		殻 名		K	L		M			N			
		主量子数 (n)		1	2		3			4			
		方位量子数 (l)		0	0	1	0	1	2	0	1	2	3
周期	原子番号	エネルギー準位名		1s	2s	2p	3s	3p	3d	4s	4p	4d	4f
		電子数		2	2	6	2	6	10	2	6	10	14
		殻内総電子数 ($2n^2$)		2	8		18			32			
1	1	水 素	H	1									
	2	ヘリウム	He	2									
2	3	リチウム	Li	2	1								
	4	ベリリウム	Be	2	2								
	5	ホウ素	B	2	2	1							
	6	炭 素	C	2	2	2							
	7	窒 素	N	2	2	3							
	8	酸 素	O	2	2	4							
	9	フッ素	F	2	2	5							
	10	ネオン	Ne	2	2	6							
3	11	ナトリウム	Na	2	2	6	1						
	12	マグネシウム	Mg	2	2	6	2						
	13	アルミニウム	Al	2	2	6	2	1					
	14	シリコン（ケイ素）	Si	2	2	6	2	2					
	15	リ ン	P	2	2	6	2	3					
	16	硫 黄	S	2	2	6	2	4					
	17	塩 素	Cl	2	2	6	2	5					
	18	アルゴン	Ar	2	2	6	2	6					
4	19	カリウム	K	2	2	6	2	6		1			
	20	カルシウム	Ca	2	2	6	2	6		2			
	21	スカンジウム	Sc	2	2	6	2	6	1	2			
	22	チタン	Ti	2	2	6	2	6	2	2			
	23	バナジウム	V	2	2	6	2	6	3	2			
	24	クロム	Cr	2	2	6	2	6	4	2			
	25	マンガン	Mn	2	2	6	2	6	5	2			
	26	鉄	Fe	2	2	6	2	6	6	2			
	27	コバルト	Co	2	2	6	2	6	7	2			
	28	ニッケル	Ni	2	2	6	2	6	8	2			
	29	銅	Cu	2	2	6	2	6	9	2			
	30	亜 鉛	Zn	2	2	6	2	6	10	2			
	31	ガリウム	Ga	2	2	6	2	6	10	2	1		
	32	ゲルマニウム	Ge	2	2	6	2	6	10	2	2		
	33	ヒ 素	As	2	2	6	2	6	10	2	3		
	34	セレン	Se	2	2	6	2	6	10	2	4		
	35	臭 素	Br	2	2	6	2	6	10	2	5		
	36	クリプトン	Kr	2	2	6	2	6	10	2	6		

磁気モーメントと同方向であるか否かを示し，+1/2と-1/2の値を取り得る（5.1.3項参照）。結果として，各電子軌道に入ることのできる電子の個数は，式 (1.1) で計算できる。

電子は，同一のエネルギー状態には1個の電子しか存在できないという**パウリの排他律**に従い，エネルギーが低い状態から埋まっていく（エネルギーが低いほど安定）。その結果，36番元素のクリプトン（Kr）までは，**表1.2**に示す電子軌道（殻構造）に電子が存在する。電子のエネルギーは，方位量子数や磁気量子数によっても変化するため，単純に内側の殻から電子が埋まらず，電子が配列する軌道の入れ替わりが発生する。最初にそれが現れるのが，3d軌道と4s軌道である。そのため19番元素のカリウム（K）では，3d軌道ではなく，4s軌道に電子が存在する。

1.1.4 元素の周期表

元素の化学的な性質は，おもに最外殻の電子（これらを**価電子**と呼ぶ）の数で決まる。**図1.3**は，原子番号と価電子数の関係を示す。なお，最外殻が電子で満たされた状態の価電子数はゼロとしている。この図から，価電子数が周

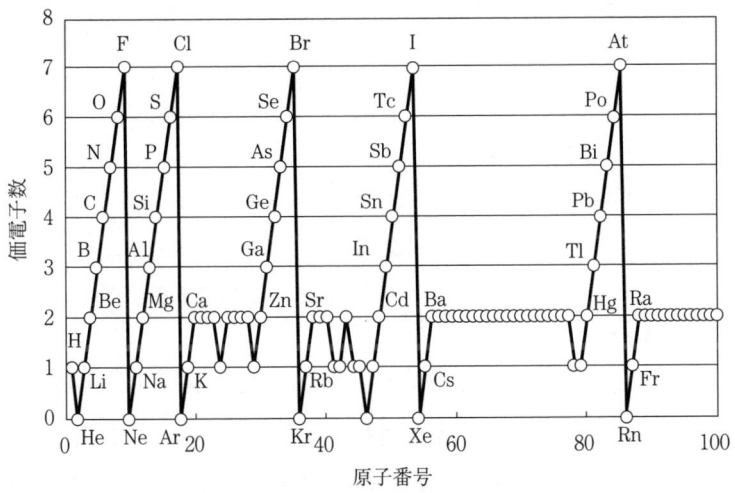

図1.3 原子番号と価電子数の関係

1. 電気電子材料の基礎

期的に変化する様子が見てとれる。その結果，元素を原子番号の順に並べると，似た性質のものが周期的に現れる。それを表にまとめたものが元素の**周期表**である。原子番号は原子核を構成する陽子の数に等しい。

表1.3に，現在おもに用いられている**長周期型周期表**を示す（詳しくは巻末の**付表1**に掲載）。元素を原子番号順に並べると，18元素を周期に性質の似た元素が並ぶ。1族および2族と13〜18族は**典型元素**，3〜11族は**遷移元素**と呼ばれる。遷移元素では，原子番号の増加によって変化するのはおもにd軌道あるいはf軌道の電子である。12族は，典型元素に分類される場合と遷移元素に分類される場合がある。

表1.3 長周期型周期表

族\周期	1	2	3	4	5	6	7	8	9	10	11	12	13	14	15	16	17	18
1	H																	He
2	Li	Be											B	C	N	O	F	Ne
3	Na	Mg											Al	Si	P	S	Cl	Ar
4	K	Ca	Sc	Ti	V	Cr	Mn	Fe	Co	Ni	Cu	Zn	Ga	Ge	As	Se	Br	Kr
5	Rb	Sr	Y	Zr	Nb	Mo	Tc	Ru	Rh	Pd	Ag	Cd	In	Sn	Sb	Te	I	Xe
6	Cs	Ba	ランタノイド	Hf	Ta	W	Re	Os	Ir	Pt	Au	Hg	Tl	Pb	Bi	Po	At	Rn
7	Fr	Ra																

（上部ラベル）アルカリ土類金属，希土類，バナジウム族，マンガン族，鉄族，銅族，ホウ素族，窒素族，ハロゲン

（下部ラベル）アルカリ金属，チタン族，クロム族，白金族，亜鉛族，炭素族，酸素族，希ガス

1族のリチウム（Li）からフランシウム（Fr）までは，最外殻にはs軌道に1個の電子が存在しており，**アルカリ金属**と呼ばれる。2族のベリリウム（Be）からラジウム（Ra）までは，最外殻にはs軌道に2個の電子が存在しており，**アルカリ土類金属**と呼ばれる。

3族のスカンジウム（Sc），イットリウム（Y）とランタン（La）からルテチウム（Lu）までのランタノイドは**希土類**と呼ばれる。4族は**チタン族**，5族は**バナジウム族**，6族は**クロム族**，7族は**マンガン族**と呼ばれる。4周期8族の鉄

(Fe), 9族のコバルト (Co) および10族のニッケル (Ni) は**鉄族**と呼ばれる。5周期8族のルテニウム (Ru), 9族のロジウム (Rh) および10族のパラジウム (Pd), 6周期8族のオスミウム (Os), 9族のイリジウム (Ir) および10族の白金 (Pt) は**白金族**と呼ばれる。11族の銅 (Cu), 銀 (Ag) および金 (Au) は**銅族**と呼ばれる。

12族の亜鉛 (Zn), カドミウム (Cd) および水銀 (Hg) は, 最外殻にはs軌道に2個の電子が存在しており, **亜鉛族**と呼ばれる。

13族のホウ素 (B) からタリウム (Tl) までは, 最外殻にはs軌道に2個, p軌道に1個の計3個の電子が存在しており, **ホウ素族**と呼ばれる。14族の炭素 (C) からパラジウム (Pd) までは, 最外殻にはs軌道に2個, p軌道に2個の計4個の電子が存在しており, **炭素族**と呼ばれる。15族の窒素 (N) からビスマス (Bi) までは, 最外殻にはs軌道に2個, p軌道に3個の計5個の電子が存在しており, **窒素族**と呼ばれる。16族の酸素 (O) からポロニウム (Po) までは, 最外殻にはs軌道に2個, p軌道に4個の計6個の電子が存在しており, **酸素族**と呼ばれる。17族のフッ素 (F) からアスタチン (At) までは, 最外殻にはs軌道に2個, p軌道に5個の計7個の電子が存在しており, **ハロゲン**と呼ばれる。18族のヘリウム (He) からラドン (Rn) までは, 最外殻にはs軌道に2個, p軌道に6個の計8個の電子が存在しており, **希ガス**と呼ばれる。

表1.4は, 数十年前におもに用いられていた**短周期型周期表**である[†]。この周期表では, 族の番号はローマ数字で表される。I～VII族のaは典型元素, bは遷移元素を示す。この周期表では, 亜鉛族は遷移元素として表されている。元素の族名には, 現在でもこの短周期型周期表の族名が使用されている。アルカリ金属はI族元素, アルカリ土類金属および亜鉛族はII族元素, ホウ素族はIII族元素, 炭素族はIV族元素, 窒素族はV族元素, 酸素族はVI族元素, そしてハロゲンはVII族元素と呼ばれる。なお, 長周期型周期表に従い, ホウ素族を13族, 炭素族を14族, 窒素族を15族, 酸素族を16族, ハロゲンを17族,

---

[†] 現在では, 1989年に国際純正・応用化学連合 (IUPAC) により示された長周期型周期表 (表1.3, 巻末の付表1) が広く用いられている。

表1.4 短周期型周期表

族＼周期	I a	I b	II a	II b	III a	III b	IV a	IV b	V a	V b	VI a	VI b	VII a	VII b	VIII	0
1	H															He
2	Li		Be		B		C		N		O		F			Ne
3	Na		Mg		Al		Si		P		S		Cl			Ar
4	K		Ca			Sc	Ti		V		Cr		Mn		Fe Co Ni	
4		Cu		Zn		Ga		Ge		As		Se		Br		Kr
5	Rb		Sr			Y	Zr		Nb		Mo		Tc		Ru Rh Pd	
5		Ag		Cd		In		Sn		Sb		Te		I		Xe
6	Cs		Ba		ランタノイド		Hf		Ta		W		Re		Os Ir Pt	
6		Au		Hg		Tl		Pb		Bi		Po		At		Rn
7	Fr		Ra		アクチノイド											

希ガスを18族と呼ぶ場合もある。

1.1.5 原子/分子間の結合

原子/分子間の結合の種類と特徴を**表1.5**に示す。一般に，結晶を構成する原子間の距離が小さいほど，原子/分子間の結合エネルギーは大きくなる。原子間の距離は原子の結合半径が小さいほど小さい。

表1.5 原子/分子間の結合の種類と特徴

種類	結合エネルギー（大きい順）	特徴	例
共有結合結晶	1	硬い，化学的に安定，低温で導電率が小さい	ダイヤモンド，シリコン，ゲルマニウム，SiC
イオン結合結晶	2	赤外領域に特性吸収，低温で導電率が小さい	NaClなどのI-VII族化合物，MgO，CaOのような酸化物
金属結合結晶	3	導電率・熱伝導率が大きい，塑性を示す，容易に合金化	鉄や銅のような各種金属，各種合金
水素結合を持つ結晶	4	重合しやすい	氷，結晶水を含む化合物
分子結晶	5	柔らかい，融点・沸点が低い	酸素，窒素，アルゴン，メタン，アンモニア

1.1 原子構造と結合

共有結合とは，近接した原子間で電子を共有することによる結合であり，最も結合力の強い結合である。そのため，物理的に非常に硬く，化学的な反応を起こしにくく，安定している。図1.4に，水素原子が共有結合により，水素分子となる様子を示す。たがいに電子を共有することにより，それぞれの水素原子のK殻に2個の電子が軌道を回り，安定化する。

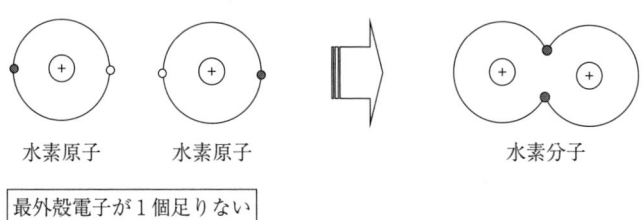

図1.4 水素原子の共有結合

イオン結合とは，原子間における電子の授受により原子がイオン化し，その結果生じる静電引力による結合であり，原子間の結合力は強い。身近でよく知られている物質には，塩化ナトリウムなどのハロゲン化アルカリ（Ⅰ族–Ⅶ族化合物）がある。図1.5に，塩化ナトリウムのイオン結合の様子を示す。

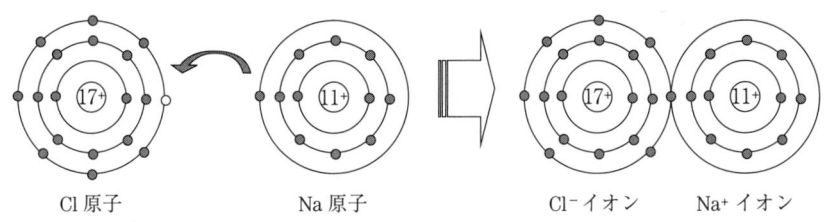

図1.5 塩化ナトリウムのイオン結合

結合力が強く，常温で安定して固体となる結合として，図1.6に示すような**金属結合**がある。金属結合結晶には多数の自由電子が存在し，電気伝導率および熱伝導率が大きい。ただし，共有結合やイオン結合ほどは結合力が強くないので，**展性**や**延性**がある。金箔ができるのはそのためである。また，容易に合金化する。水銀など一部の金属は，低温で電気抵抗がゼロとなる超伝導性を示す（2.1.8項参照）。

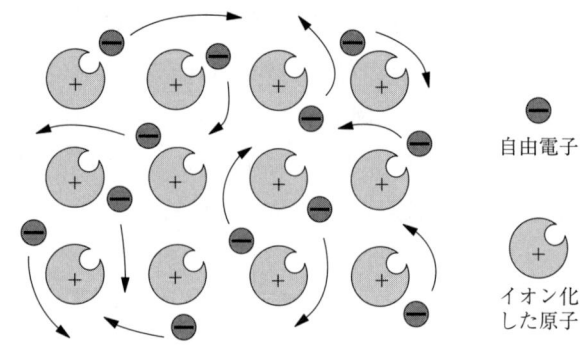

図1.6　金属結合

水素結合は，原子と共有結合した水素がほかの原子と非共有性の結合を形成するものである。水が固体の氷になるのは水素結合による。**図1.7**に，氷における水素結合の様子を模式的に示す。ちなみに，雪の結晶が六角形であるのも水素結合によるものである。

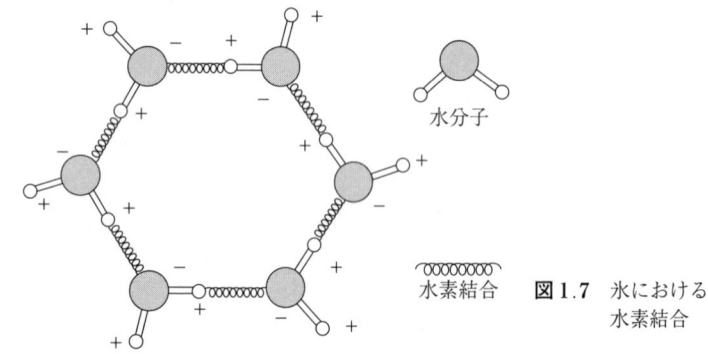

図1.7　氷における水素結合

分子結晶は，結合力が最も弱く，**ファンデルワールス結晶**とも呼ばれる。柔らかく，**融点・沸点**が低い。酸素，窒素，メタン，アンモニア，アルゴンなどがこの例である。分子は，無極性の分子であっても，双極子を瞬時的に形成する瞬間がある。このような双極子間の静電力による引力が**ファンデルワールス力**であり，電荷を持たない中性の原子，分子間などでおもに働く凝集力の総称である。

1.1.6 混成軌道

　原子が結合する際，さまざまな電子軌道の混成が生じる。**図1.8**に炭素の例を示す。炭素原子の価電子は2s軌道に2個と2p軌道に2個の計4個であるが，化学結合を生じるようなエネルギーの高い状態では，電子軌道が干渉し合い混成が生じる。

　図(a)は，メタンCH_4における炭素と水素の結合を示している。この場合は，4個の価電子が新たに等価な四つの軌道を形成する。この新たな軌道は，一つのs軌道と三つのp軌道の混成から生じるので，**sp^3混成軌道**と呼ばれる。sp^3混成軌道の電子雲は，その中心の炭素原子から，正四面体の四つの頂点の方向に伸びている。sp^3混成軌道は，後述の半導体結晶構造の基本となる（3.1.2項参照）。

　図(b)は，エチレンC_2H_4における炭素と水素の結合を示している。この場合は，一つのs軌道と二つのp軌道の混成から，等価な三つの軌道が形成されるため，**sp^2混成軌道**と呼ばれる。sp^2混成軌道の電子雲は，平面内の正三角形の構造をとる。炭素原子の残りの価電子はp軌道にあり（図では$2p_z$軌道），炭素原子間の結合に寄与する。そのため，炭素原子間は二重結合の状態となる。sp^2混成軌道間の結合は電子雲の伸びる方向に直線的であり，**σ結合**と呼ばれる。一方，p軌道間の結合は電子雲の伸びる方向と垂直であり，**π結合**と呼ばれる。sp^2混成軌道は，ベンゼンC_6H_6の炭素原子間の結合でも形成される。したがって，ベンゼン環は正六角形の平面構造となる。

　図(c)は，アセチレンC_2H_2における炭素と水素の結合を示している。この場合は，一つのs軌道と一つのp軌道の混成から，等価な二つの軌道を形成し，**sp混成軌道**と呼ばれる。sp混成軌道の電子雲は直線となる。炭素原子の残りの価電子は，二つのp軌道（図では$2p_x$軌道と$2p_y$軌道）にあり，炭素原子間の結合に寄与する。そのため，炭素原子間は三重結合の状態となる。三重結合のうちの一つがsp混成軌道間の結合（σ結合）であり，二つがp軌道間の結合（π結合）である。

12   1. 電気電子材料の基礎

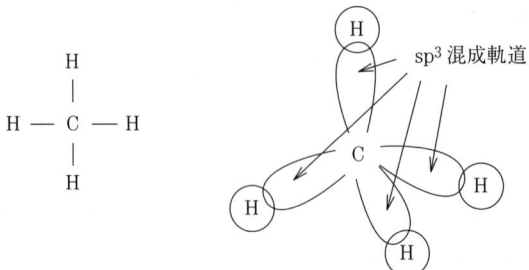

（a） sp³ 混成軌道（メタン CH₄）

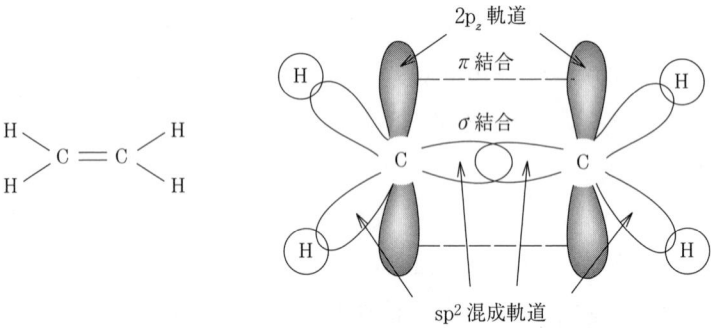

（b） sp² 混成軌道（エチレン C₂H₄）

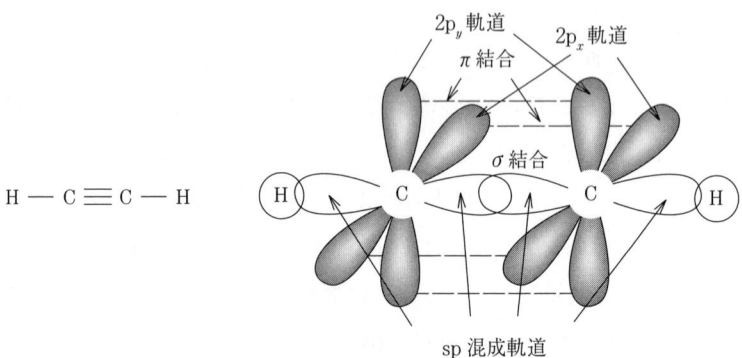

（c） sp 混成軌道（アセチレン C₂H₂）

図 1.8 混成軌道（炭素の例）

1.1.7 無機物と有機物

物質は，構成原子によって無機物と有機物に分類される。**有機物**とは，炭素を含む化合物のうち一部の例外を除いたものの総称である。炭素化合物であっても，一酸化炭素，二酸化炭素，炭酸塩，青酸，シアン酸塩，チオシアン酸塩などは無機物に分類される。これらの炭素化合物と炭素を含まない単体および化合物が**無機物**である。無機物と有機物の分類は，どちらかというと，便宜的なものである。さらに，無機物と有機物との混合物も材料の候補となる。

また，構成原子の数が1 000個程度以上の化合物を**高分子**と呼ぶ。多数の原子を共有結合で連結できる能力を持った元素が骨格（**主鎖**）となる。主鎖になり得るのは，おもに炭素やシリコン，酸素などに限られる。ほとんどの高分子のおもな主鎖は炭素を主とした有機化合物であり，炭素以外のものを主鎖に持つものは**無機高分子**と呼ばれる。それぞれに，天然高分子と人工的に作られる合成高分子がある。

1.1.8 物質の状態

同一の原子群から構成されている物質でも，温度と圧力によって，その状態が変化する。一般に，物質はある値より低温あるいは高圧の状態では固体（固相）になる。温度が上がる，または圧力が下がると液体（液相），そして気体（気相）へと変化する。その関係を**相図**といい，その例を**図1.9**に示す。この

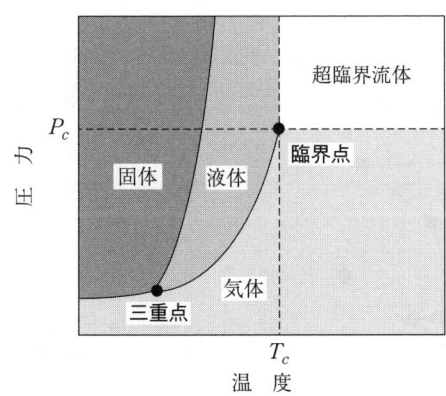

図1.9 物質の相図

図において，気体，液体，固体が一点に交わる点を**三重点**と呼ぶ。

臨界温度 T_c 以上の高温で，かつ**臨界圧力** P_c 以上の高圧になると**超臨界流体**となる。この状態では粘性が非常に小さく，気体のような液体の状態と考えられる。超臨界状態は非常に活性な状態である。例として，超臨界状態の水を**超臨界水**，超臨界状態の二酸化炭素を**超臨界二酸化炭素**，超臨界状態のアンモニアを**超臨界アンモニア**と呼び，実際に工業的に用いられている。その例として，超臨界水を用いて人工水晶が製造されている。

気体に大きなエネルギーを与えると，気体を構成する分子が，部分的にまたは完全に電離し，陽イオンと電子に分かれて自由に運動している**プラズマ**状態となる。電子温度のみが高いプラズマを**低温プラズマ**といい，プラズマを構成する粒子すべての温度が高い状態を**高温プラズマ**という。プラズマ状態は高温のほか，放電やマイクロ波照射によって発生できる。

液体と固体の中間的な状態に**液晶**がある。液晶という名称は，液体の流動性と結晶の異方性を合わせ持つことに由来する。液晶に電界を印加することにより，偏光状態を制御することが可能であり，液晶ディスプレイなどに広く利用されている。

1.2 結晶構造とエネルギーバンド

1.2.1 ブラベー格子

原子が規則正しく三次元的に配列したものが結晶である。無限に続く周期的な点の配列を**格子**と呼ぶ。三次元空間格子の基本単位は**図 1.10** に示す平行六

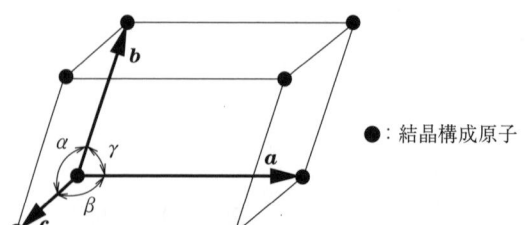

●：結晶構成原子

図 1.10 三次元空間格子の基本単位

面体である．各辺の長さ a, b, c および各辺間の角度 α, β, γ を**格子定数**と呼ぶ．

三次元空間格子における任意の二つの点を結ぶベクトル r は，次式で表される．

$$r = u\boldsymbol{a} + v\boldsymbol{b} + w\boldsymbol{c} \tag{1.2}$$

ここで，a, b, c を**基本並進ベクトル**と呼ぶ．また，u, v, w はゼロを含む任意の正負の整数である．

対称性を考慮すると，空間格子は**表1.6**に示す7種類の結晶系に分類され，複数の格子点からなる単位格子も含めて，**図1.11**に示すような14種類の格子に分類される．これを**ブラベー**（Bravais）**格子**と呼ぶ．**単純格子**（P）は，格子の各頂点に原子が存在する構造である．**体心格子**（I）は，単純格子の中心に1個の原子が存在する構造である．**面心格子**（F）は，単純格子の各面の中心にそれぞれ原子が1個存在する構造である．**底心格子**（C）は，底面および上面の中心に原子が1個存在する構造である．

表1.6 空間格子の結晶系

結晶系	軸の長さ，軸間の角度	ブラベー格子
立方晶系（cubic）	$a = b = c$ $\alpha = \beta = \gamma = 90°$	単純（P），体心（I），面心（F）
正方晶系（tetragonal）	$a = b \neq c$ $\alpha = \beta = \gamma = 90°$	単純（P），体心（I）
斜方晶系（orthorhombic）	$a \neq b \neq c$ $\alpha = \beta = \gamma = 90°$	単純（P），体心（I），底心（C），面心（F）
三方晶系（trigonal） 菱面体晶系（rhombohedral）	$a = b = c$ $\alpha = \beta = \gamma \neq 90°$	単純（P）
六方晶系（hexagonal）	$a = b \neq c$ $\alpha = \beta = 90°$ $\gamma = 120°$	単純（P）
単斜晶系（monoclinic）	$a \neq b \neq c$ $\alpha = \beta = 90° \neq \gamma$	単純（P），底心（C）
三斜晶系（triclinic）	$a \neq b \neq c$ $\alpha \neq \beta \neq \gamma \neq 90°$	単純（P）

16   1. 電気電子材料の基礎

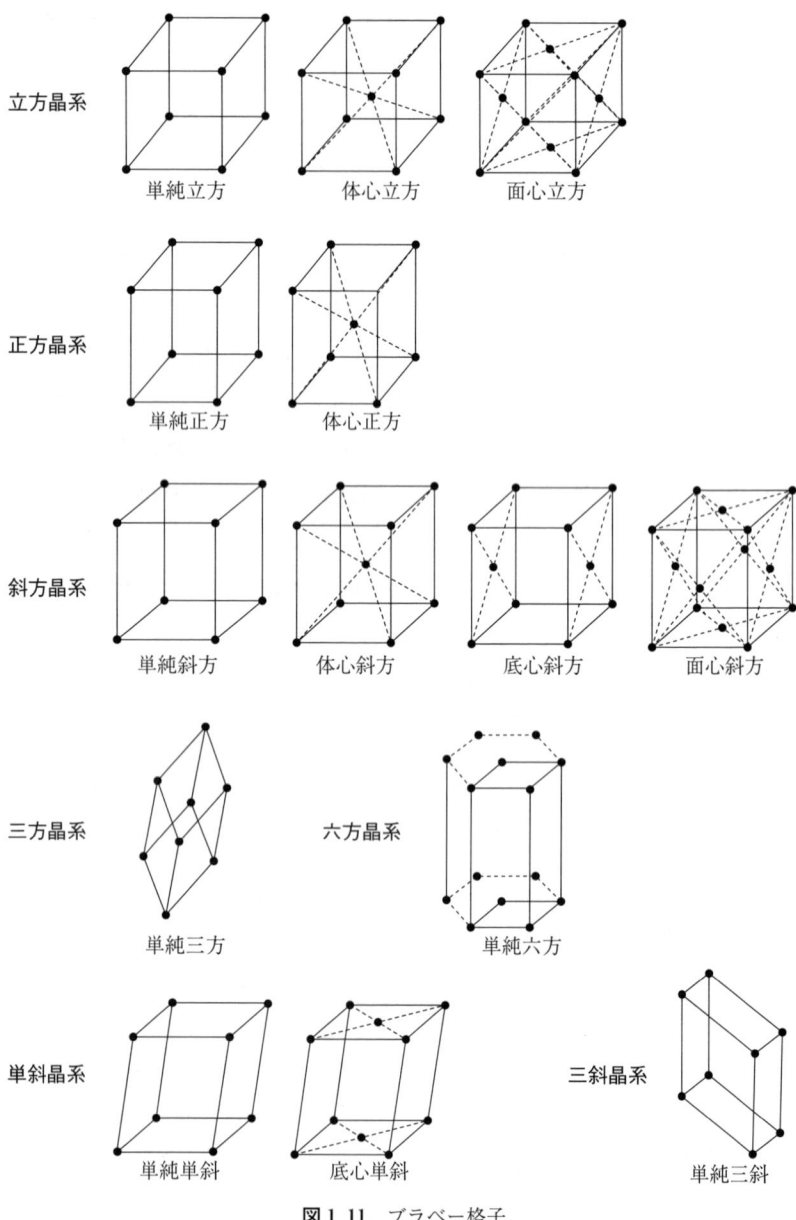

図1.11 ブラベー格子

1.2.2 ミラー指数

結晶内の任意の面を指定するには，その面が格子定数 a, b, c の何倍の値のところで結晶軸を切るかで決めることができる．**図 1.12** は，結晶軸と ua, vb, wc で交差する面（M）を示す．面の方向 OR は，その方向余弦を与えることにより規定でき

$$\cos \alpha' = \frac{OO'}{ua} \tag{1.3}$$

$$\cos \beta' = \frac{OO'}{vb} \tag{1.4}$$

$$\cos \gamma' = \frac{OO'}{wc} \tag{1.5}$$

である．

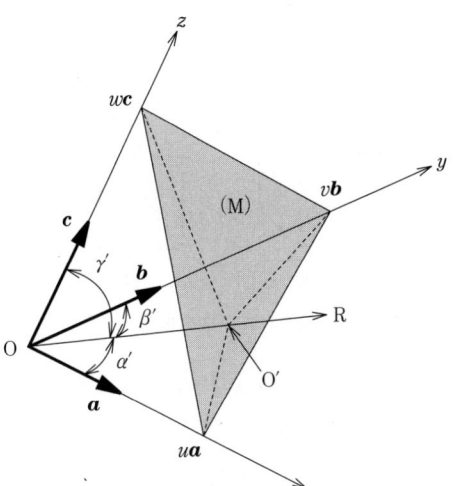

図 1.12 結晶面の表示

ここで，a, b, c が結晶構造によって定まっているとすると，面の方向 OR はこれらの比で表すことができる．すなわち，面（M）は

$$\frac{1}{u} : \frac{1}{v} : \frac{1}{w} = h : k : l \tag{1.6}$$

を満たす公約数を持たない整数の組 (hkl) で指定できる。この h, k, l を**ミラー指数**と呼ぶ。面との交差がない場合は，ミラー指数は，"$1/\infty$" すなわち "0" となる。また，OR を**結晶面の方向**と呼び，[hkl] と表す。

図1.13 に，ミラー指数で表した結晶面の例を示す。マイナス値で交差する場合は，負の値で表している。(100) 面は x 軸とのみ "1" で交わっており，(0-10) 面は y 軸とのみ "-1" で交わっている。(110) 面は x 軸および y 軸とそれぞれ "1" で交わり，(101) 面は x 軸および z 軸とそれぞれ "1" で交わる。(111) 面は x 軸，y 軸および z 軸とそれぞれ "1" で交わる。(211) 面は x 軸と "1/2" で，y 軸および z 軸とそれぞれ "1" で交わる。

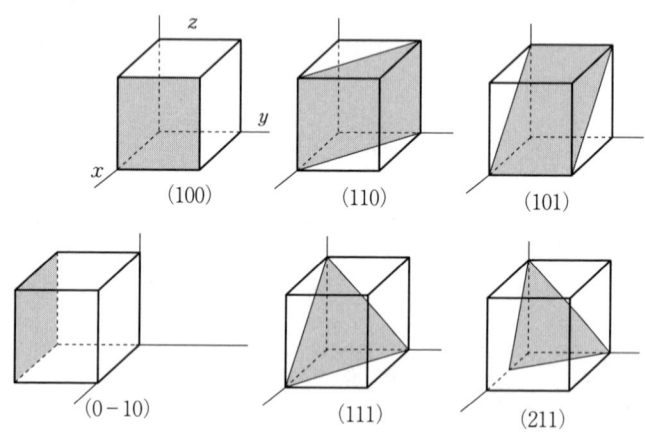

図1.13 ミラー指数で表した結晶面の例

(100) 面と (010) 面，(001) 面や (0-10) 面は同等の結晶面を表している。同等の結晶面を表す場合，{100} のように中かっこを用いる。同様に [100] 方向と [010]，[001] 方向や [-100]，[0-10] 方向は同等の方向を表しており，⟨100⟩ と表す。

1.2.3 エネルギーバンド

電子の取り得るエネルギーは，その環境により異なる。**図1.14**(a) のように，原子中の電子は最も束縛の強い状態であり，離散的なエネルギーしかとる

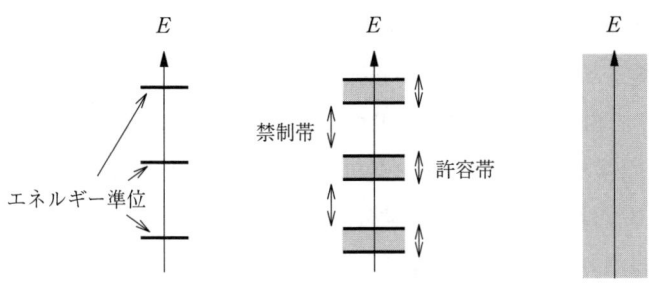

(a) 原子中の電子　(b) 結晶中の電子　(c) 自由空間の電子

図1.14　電子の取り得るエネルギー

ことができない。そのために，電子の殻構造が形成される。一方，図(c)のように，自由空間にある電子は，連続的にどのようなエネルギーも取り得る。結晶中の電子はこれらの中間の状態であり，図(b)のように，取り得るエネルギー値が幅を持つ。電子が存在可能な部分を**許容帯**，存在できない部分を**禁制帯**と呼び，このような構造を**エネルギーバンド**（エネルギー帯）構造と呼ぶ。

図1.15に，エネルギーバンド構造から見た金属，半導体，絶縁体の違いを示す。図(a)は金属のエネルギーバンド構造であり，許容帯の途中まで電子が埋まっている。この電子は電気伝導を担うことができる。このような状態は，エネルギー準位の広がりにより許容帯どうしが重なった場合にも起こる。

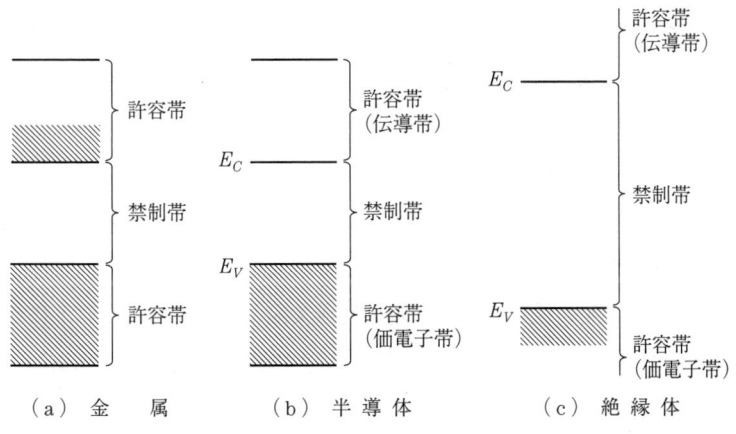

(a) 金　属　(b) 半導体　(c) 絶縁体

図1.15　金属，半導体，絶縁体のエネルギーバンド構造

図(b)は半導体のエネルギーバンド構造である。半導体では，負の電荷を有する**自由電子**と正の電荷を有する**正孔**（ホール）の両方が電気伝導を担うことができる。自由電子と正孔を合わせて，**伝導キャリヤ**あるいは単に**キャリヤ**と呼ぶ。半導体の**バンドギャップ**（禁制帯幅）は 1～3 eV 程度であり，絶対零度ではキャリヤは存在しないが，室温程度でもいくらかのキャリヤが存在する。逆に，室温程度では電気伝導に十分なほどキャリヤが励起していないので，**不純物ドーピング**による伝導度制御が可能となる[†]。

図(c)は絶縁体のエネルギーバンド構造であり，バンドギャップが 5 eV 程度以上ある。そのため，室温程度ではほとんど伝導キャリヤは存在しない。ただし，伝導帯あるいは価電子帯近くに準位を形成できる不純物があると半導体になり得る。

1.2.4 結晶欠陥

エネルギーバンド構造は，結晶を構成している原子が規則的に配列することから導かれる。この原子の規則的な配列が結晶そのものである。そして，結晶の規則的な配列を乱すものは，すべて**結晶欠陥**である。結晶内の局所的な構造の乱れである構造欠陥のみならず，不純物や結晶の表面も広義には結晶欠陥である。欠陥というと悪い響きがあるが，たとえ欠陥のまったくない完全結晶が存在したとしても有効な電気電子材料にはなり得ない。なんらかの結晶欠陥を導入することで初めて素子としての動作が得られる。欠陥をいかにコントロールするかが重要な技術である。

表 1.7 に，結晶欠陥の分類を示す。結晶欠陥には，ゼロ次元の欠陥である**点欠陥**，一次元の欠陥である**線欠陥**，二次元の欠陥である**面欠陥**，三次元の欠陥である**体積欠陥**がある。

図 1.16 に点欠陥の種類を示す。**内因性点欠陥**とは，結晶構成原子に起因した点欠陥である。図(a)のように原子が抜けた部分を**空孔**（V：vacancy），図

[†] 半導体の電気伝導の詳細は，専門書を参照のこと。

1.2 結晶構造とエネルギーバンド

表 1.7 結晶欠陥の分類

点欠陥	内因性点欠陥	空孔 (V) 格子間原子 (I)
	外因性点欠陥	格子位置不純物原子 格子間不純物原子
線欠陥	転位（刃状転位，らせん転位など）	
面欠陥	積層欠陥（内因性，外因性） 双晶 境界（表面，界面）	
体積欠陥	析出物 欠損（ボイド）	

（a）空　孔　　　（b）格子間原子

（c）格子位置不純物原子　　（d）格子間不純物原子

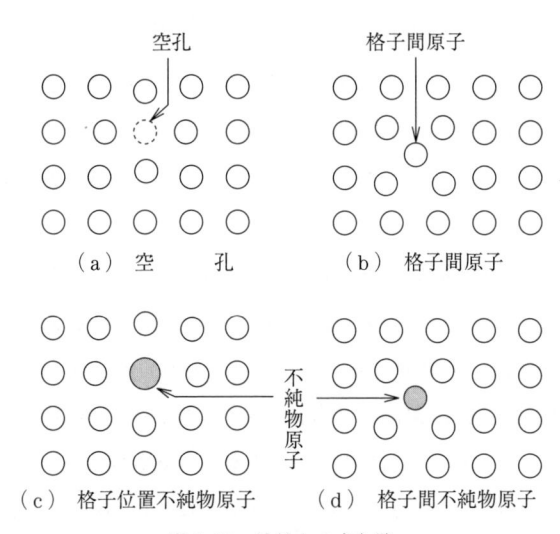

図 1.16 結晶中の点欠陥

（b）のように格子位置から外れた原子を**格子間原子**（I：interstitial）と呼ぶ。**外因性点欠陥**とは不純物原子に起因した点欠陥であり，図（c）のように格子位置（substitutional）に入る場合と，図（d）のように格子間（interstitial）に入る場合がある。

　線欠陥は，一般に**転位**（dislocation）と呼ばれる欠陥である。結晶に応力が加わるとずれが生じる場合がある。このずれの境界に線状に形成される欠陥が転位である。**図1.17**に，代表的な転位である**刃状転位**（edge dislocation）と

1. 電気電子材料の基礎

→ b ：バーガーズベクトル，　---------- ：転位線

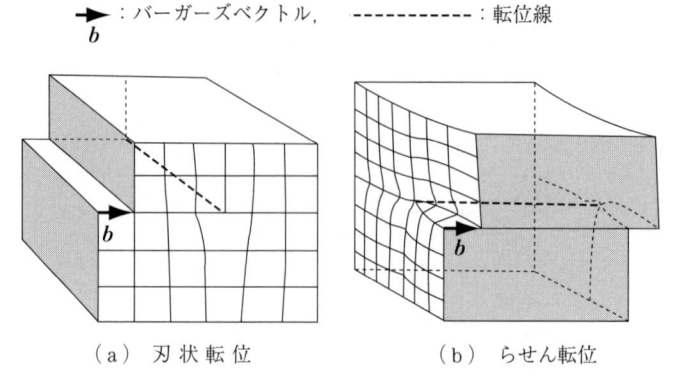

（a）刃状転位　　　　　　（b）らせん転位

図1.17　刃状転位とらせん転位の模式図

らせん転位（screw dislocation）の模式図を示す。応力の方向に対して直角に形成されるのが図(a)の刃状転位であり，平行に形成されるのが図(b)のらせん転位である。なお，応力をベクトル b で表したものを**バーガーズベクトル**と呼ぶ。

面欠陥の代表は**積層欠陥**（**SF**：stacking fault）である。積層欠陥とは，結晶における原子の積み重なり方の乱れである。規則的な結晶面の重なりにおいて，部分的に面が抜ける場合と面が余分に挿入される場合がある。**図1.18**(a)は面が抜けた**内因性積層欠陥**であり，図(b)は面が余分に挿入された**外因性積層欠陥**である。積層欠陥は面欠陥であるが，積層欠陥を取り囲む周囲には線欠陥である転位が形成される。また，多結晶や接合における単結晶どうしの**界面**や結晶の**表面**も面欠陥である。

体積欠陥は，結晶中に塊状に形成される欠陥である。**欠損**（void，**ボイド**）

面が抜けた部分　　　　　面が挿入された部分
（a）内因性積層欠陥　　（b）外因性積層欠陥

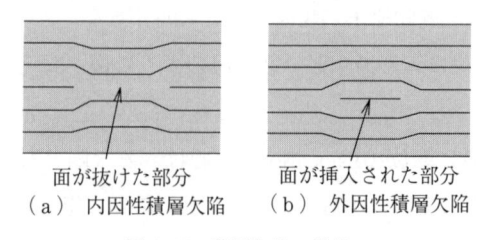

図1.18　積層欠陥の構造

とは空孔が多数集合し，塊状に抜けが形成された部分である。**析出物**とは，酸化物や，部分的に構成原子と不純物が合金化した部分である。

　結晶欠陥は，禁制帯中にエネルギー準位を形成し，電気電子材料にさまざまな影響を与える。結晶欠陥によるエネルギー準位形成の例として，**図1.19**に，シリコン中に導入された不純物が形成するエネルギー準位を示す。Ⅳ族であるシリコン中にⅤ族元素の不純物が導入されると，禁制帯の上方伝導帯近くに準位が形成される。逆に，Ⅲ族元素の不純物が導入されると，禁制帯の下方価電子帯近くに準位が形成される。一方，重金属の不純物は禁制帯中央付近に準位が形成される。

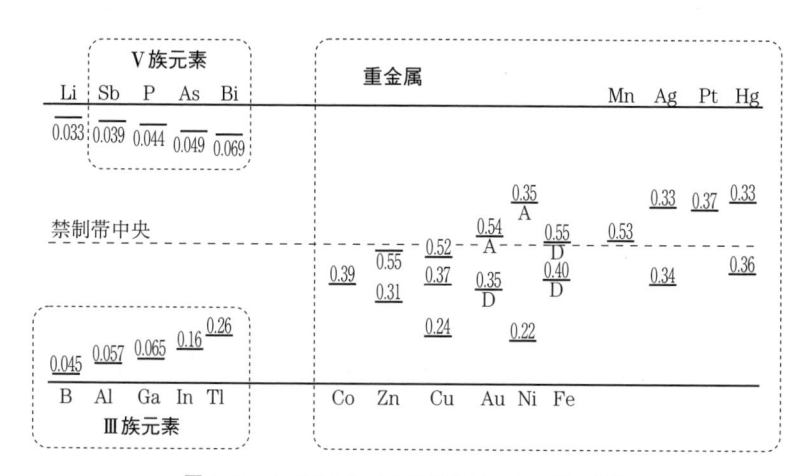

図1.19　シリコン中での不純物のエネルギー準位

1.2.5　結晶構造とエネルギーバンド

　物質は，その結晶を構成する原子配列の規則正しさにより，単結晶，多結晶，およびアモルファス（非晶質）に分類できる。**図1.20**に，これらの状態を模式的に示す。**単結晶**では，図(a)のように，物質全体で一つの結晶構造を形成している。ただし，実際には，結晶欠陥として局所的な結晶性の乱れが含まれる。

　図(b)は部分的な単結晶の集合であり，**多結晶**と呼ばれる。単結晶どうし

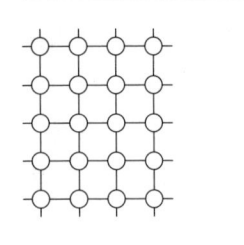

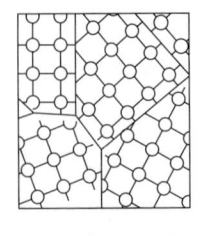

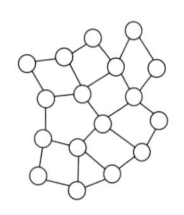

(a) 単結晶　　(b) 多結晶　　(c) アモルファス

図1.20　単結晶，多結晶，アモルファス

の界面には**未結合手**（dangling bond）が多数存在する。

図(c)は**アモルファス**（amorphous）と呼ばれる構造を示しており，長い周期での規則性は有していないが，短周期での規則性が存在する状態である。図に示した構造は，5輪環†や3輪環を含むものの，4輪環が主であるという規則性を有している。

図1.21に，単結晶，多結晶およびアモルファスのエネルギーバンド構造を示す。図(a)の単結晶では，一様なエネルギーバンドが形成される。図(b)に多結晶における結晶境界（結晶粒界）付近のエネルギーバンド状態を示す。境界面には，未結合手による準位が，バンドギャップ中に連続して形成される。一般に，多結晶の境界では，電気伝導率の低下やリーク電流の増加などの不良が発生する。

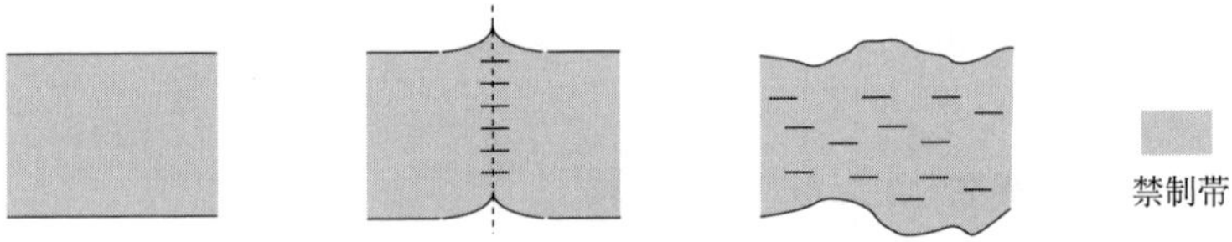

(a) 単結晶　　(b) 多結晶　　(c) アモルファス　　禁制帯

図1.21　単結晶，多結晶およびアモルファスのエネルギーバンド構造

アモルファスにおいては，図(c)のように，局所的にバンドギャップが変化する。また，ひずみや未結合手に起因して，いたるところに準位が形成され

---

†　一つの原子から見て，何個の原子を経て最初の原子に戻るか。

る.これらをさまざまな手法で減らすことにより,電子デバイスへの適用が可能となる.

1.3 電気電子材料の電気的性質と熱的性質の概要

1.3.1 物質の導電率

図 1.22 に,金属,半導体,絶縁体の導電率を示す.金属結晶中には電気伝導に寄与する自由電子が多数存在するため,金属は 10^4 S/m 以上の大きな導電率を有する.導電材料には,金属とその合金がおもに用いられる.

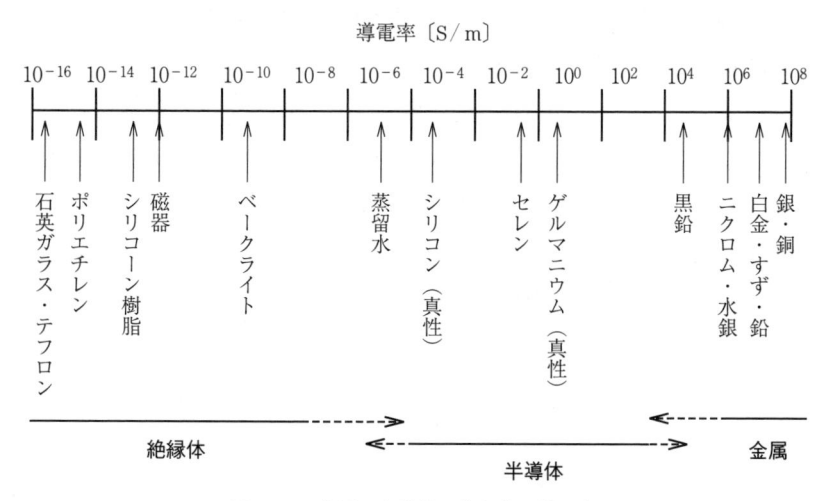

図 1.22 金属,半導体,絶縁体の導電率

半導体中には,ある程度の自由電子が存在するため,導電率は金属と絶縁体の中間の値となる.また,ドナーあるいはアクセプタと呼ばれる不純物の導入により,広い範囲での導電率の制御が可能である.この性質を利用して,さまざまな能動デバイスが発明され,実用化されている.図中のゲルマニウム (Ge) は,世界で最初にトランジスタ動作が確認された半導体である.セレン (Se) は,整流器として一時期広く使用された.シリコン (Si) は,集積回路用材料として現在最も広く使用されている.

絶縁体はバンドギャップが大きく,伝導帯中に自由電子がほとんど存在しない。そのため,導電率が 10^{-4} S/m 以下と非常に小さい。絶縁は,電気の利用にとって必須の技術であり,用途に合わせ,気体,液体および固体の絶縁材料が適用されている。また,絶縁体は分極現象(4.1.2項参照)が発生することを利用して,誘電体材料としても用いられている。

1.3.2 熱 電 効 果

物質の熱電効果には,ゼーベック効果,ペルチエ効果およびトムソン効果の3種類がある。

ゼーベック効果とは,図 **1.23** に示すように,異種の物質(半導体,金属)A,Bに温度差 ΔT を与え,接触させたときに物質の両端に電位差 ΔV が生じる現象である。キャリヤがある程度移動すると,その間に電界が発生する。熱拡散による力と電子が電界から受ける力とがつり合ったとき,電荷の移動が止まり電位差を生じる。このとき,ΔV と ΔT の間には次式の関係がある。

$$\Delta V = \alpha_{ab} \Delta T \tag{1.7}$$

ここで,α_{ab} を**ゼーベック係数**と呼ぶ。ゼーベック効果を利用した熱電対が温度センサとして利用される。

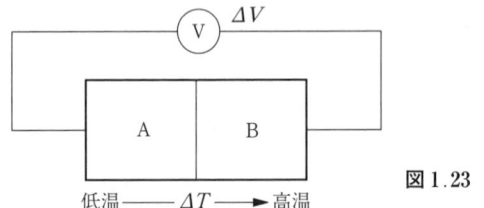

図 **1.23** ゼーベック効果

ペルチエ効果とは,図 **1.24** に示すように,異種の物質(半導体,金属)A,Bの接触面を通して電流 I を流したとき,その接触面で熱量 Q の発熱または吸熱が起きる現象である。この効果は,可逆的で電流の向きを変えると発熱と吸熱が逆転する。このとき,Q と I の間には次式の関係がある。

$$Q = \pi_{ab} I \tag{1.8}$$

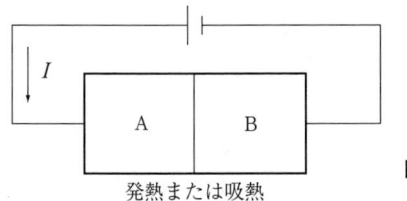

図1.24 ペルチエ効果

発熱または吸熱

ここで，π_{ab}を**ペルチエ係数**と呼ぶ。機械的可動部がないため，電子加熱あるいは電子冷却に利用されている。なお，ゼーベック係数とペルチエ係数の間には，次式の関係がある。

$$\pi_{ab} = \alpha_{ab} T \tag{1.9}$$

ここで，Tは接合部の絶対温度である。

トムソン効果とは，**図1.25**に示したように，場所によって温度の異なる物質に電流Iを流したとき，物質内に単位時間に熱量Q（ジュール熱以外）の発熱または吸熱が発生する現象である。このとき，QとIおよびΔTの間には次式の関係がある。

$$Q = \theta I \Delta T \tag{1.10}$$

ここで，ΔTは温度差であり，θを**トムソン係数**と呼ぶ。

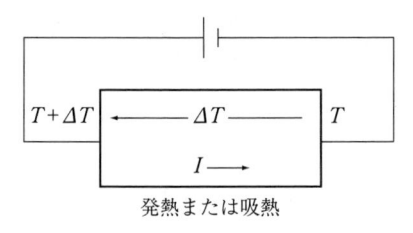

図1.25 トムソン効果

発熱または吸熱

コーヒーブレーク

素 粒 子

物質を構成する最小単位が素粒子である。現在存在が確認されているあるいは存在が予測されている素粒子をまとめたものを図に示す。素粒子には，物質を構成する**物質粒子**と，力を媒介する**ゲージ粒子**がある。物質粒子は，さらにクォークとレプトンに分類される。このうち通常の物質は，アップクォークとダウンクォークおよび電子の三つの素粒子で構成されている。1.1.2項で述べたように，原子核は陽子と中性子で構成されているが，陽子はアップクォーク2個とダウンクォーク1個，中性子はアップクォーク1個とダウンクォーク2個でそれぞれ構成されている。電子は，それ自身が素粒子である。

		物質粒子			ゲージ粒子	
		第一世代	第二世代	第三世代		
クォーク		u アップ	c チャーム	t トップ	強い力: g グルーオン	
		d ダウン	s ストレンジ	b ボトム	電磁気力: γ 光子	ヒッグス場に伴う粒子
レプトン		ν_e eニュートリノ	ν_μ μニュートリノ	ν_τ τニュートリノ	弱い力: w, z ウィークボソン	h ヒッグス粒子
		e 電子	μ ミューオン	τ タウオン	重力: G 重力子	

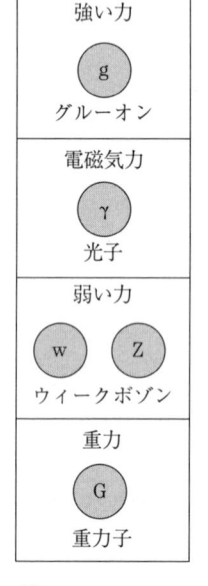

図　素　粒　子

現在の世界（宇宙）には4種類の力が存在し，それぞれに対応したゲージ粒子が存在する。**強い力**とは，クォーク間に働く力であり，これにより陽子や中性子が安定して存在できる。強い力は，**グルーオン**と呼ばれるゲージ粒子により媒介される。**電磁気力**は，プラスおよびマイナスの電荷間や，N極およびS極の磁極間に働く力であり，**光子**（フォトン）により媒介される。**弱い力**とは，ベータ崩

壊を引き起こす力であり，**ウィークボゾン**により媒介される。**重力**は質量間の引力であり，**重力子**（グラビトン）により媒介されると考えられているが，重力子は未発見である。

これら4種類の力は，それぞれ到達距離が異なる。力が何に対し働くかの物理量を**荷量**と呼ぶ。電磁気力に対する荷量は**電荷**または**磁荷**，重力に対する荷量は**質量**であり，強い力に対する荷量は**色荷**（**カラー**），弱い力に対する荷量は**弱荷**と呼ばれる。力の到達距離は，力の媒介粒子の質量と荷量の有無に関係する。強い力の到達距離は 10^{-15} m，弱い力の到達距離は 10^{-18} m ときわめて短い。弱い力の到達距離が短いのは，力の媒介粒子であるウィークボゾンが質量を持つためである。強い力の媒介粒子であるグルーオンの質量はゼロであるが，グルーオン自身が色荷を持つためたがいに離れることができず，力の到達距離が短い。

電磁気力の媒介粒子である光子は，質量がゼロでかつ電荷および磁荷を持たないので，力の到達距離は無限大である。ただし，**クーロンの法則**により力の大きさは距離の2乗に反比例するため，距離が離れると電磁力は急激に弱くなる。重力に関しても，重力子は質量がゼロであり，力の到達距離は無限大である。力の大きさは，電磁気力と同様に**万有引力の法則**に従って距離の2乗に反比例する。

物質に質量を与える素粒子と考えられているのが**ヒッグス**（Higgs）**粒子**である。ヒッグス粒子が空間を埋め尽くしていると考え，質量とはヒッグス粒子との衝突の確率の大きさであると考えられている。質量がゼロの光子，重力子およびグルーオンは，ヒッグス粒子と衝突することはなく，自然界の最高速度である光速で移動できる。一方，物質粒子であるクォークやレプトンおよびゲージ粒子のウィークボゾンはヒッグス粒子と相互作用するため，質量を持つ。

以上が，現在人類が到達している物質観である。ただし，これらは今後変化する可能性がある。

2 導電材料

2.1 導電材料の基礎

2.1.1 物質の導電現象

導電体の電気伝導は,電子によって引き起こされている。導電体に電界を印加した場合の電子の動きをミクロに表したものが**図2.1**である。電子は,電界による加速と結晶格子を形成する原子やその他の不純物などの欠陥による散乱を繰り返しながら,印加電界と逆方向に移動する。

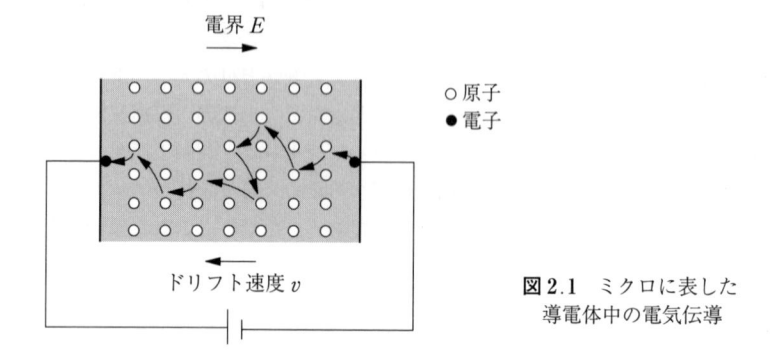

図2.1 ミクロに表した導電体中の電気伝導

一様な断面積Sの物体を流れる電流Iは,キャリヤの電荷をq,単位体積当りのキャリヤ数をnとすると,ドリフト速度vを用いて

$$I = nqvS \qquad (2.1)$$

と表される。vは電界の強さEに比例し,その比例定数をμとすると,次式となる。

$$v = \mu E \qquad (2.2)$$

ここで，μ は，物質中のキャリヤの動きやすさで，**移動度**（mobility）という。

また，長さ d の物質に電圧 V が印加されている場合の電界 E が，$E=V/d$ であることから，次式となる。

$$V = \frac{d}{nq\mu S} I \tag{2.3}$$

図 2.2 は，マクロに表した導電体の電気伝導である。この現象は，よく知られた**オームの法則**で表される。つまり，物体に印加した電圧 V と流れる電流 I の間には，次式の比例関係があり，この場合の比例定数 R が電気抵抗である。

$$V = RI \tag{2.4}$$

R は，抵抗体の長さに比例し，断面積に反比例する。単位面積 S，単位長さ d における電気抵抗の値が**抵抗率** ρ であり，次式となる。

$$R = \frac{d}{S} \rho \tag{2.5}$$

式 (2.3)，(2.4) および (2.5) より

$$\rho = \frac{1}{nq\mu} \tag{2.6}$$

となり，ミクロな現象とマクロな現象がつながる。また，ρ の逆数を**導電率** σ と呼び，次式となる。

$$\sigma = nq\mu \tag{2.7}$$

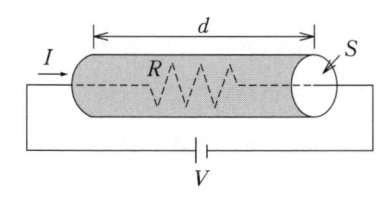

図 2.2 マクロに表した導電体の電気伝導

2.1.2 電気抵抗の温度依存性

一般に，金属の電気抵抗は，温度が上昇すると増加する。これは，温度上昇

とともに，結晶格子や不純物とキャリヤである電子との散乱が増加し，実効的に電子の移動度が減少するためである。**図2.3**に，電気抵抗の温度依存性を示す。温度変化が小さい場合，電気抵抗は温度に比例して増加する。温度 t〔℃〕における抵抗 R の値は次式で与えられる。

$$R = R_s\{1 + \alpha_s(t - t_s)\} \tag{2.8}$$

ここで，R_s は基準温度 t_s〔℃〕における抵抗，α_s は温度 t_s を基準にしたときの抵抗の温度係数である。

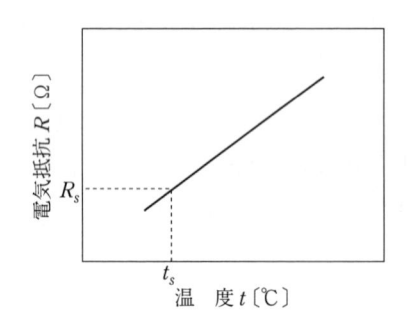

図2.3 電気抵抗の温度依存性

2.1.3 金属の物質特性

表2.1に，おもな金属の物性値を示す。導電材料として最も重要な特性は，抵抗率 ρ が小さいことである。そのほかに，機械的および熱的な特性も重要である。機械的強度が大きいこと，**線膨張率**が小さいこと，融点がある程度以上高いこと，軽いことなどが要求される。したがって，銀，銅，金およびアルミニウムなどが候補となる。

電気的，機械的な特性に加えて，導電材料としては，コストが低いことおよび加工が容易であることが重要である。その結果，導電材料としておもに用いられているのは，銅とアルミニウムである。銀や金は，導電率は大きいが材料が高価であり，電線用途には用いられない。アルミニウムの精錬は，以前はコスト高であったが，現在では技術革新により安価な精錬法が開発され使用可能となった。

表 2.1　金属の物性値

金属		抵抗率 [μΩ·cm]		抵抗の温度係数 [K⁻¹]	密度 [kg/m³]	線膨張率 (室温) [10⁻⁶ K⁻¹]	引張強度 (室温) [10⁸ N/m²]	融点 (℃)	定圧比熱 (室温) [J·K⁻¹/mol]
		ρ (0℃)	ρ (100℃)						
銀	Ag	1.47	2.08	4.15	10.5	18.9	2.9	961.93	25.5
銅	Cu	1.55	2.23	4.39	8.96	16.5	2.8～4.6	1 084.5	24.5
金	Au	2.05	2.88	4.05	19.32	14.2	2.0～2.5	1 064.43	25.4
アルミニウム	Al	2.50	3.55	4.20	2.70	23.1	2.0～4.5	660.37	24.3
マグネシウム	Mg	3.94	5.6	4.21	1.74	24.8	—	650	24.8
タングステン	W	4.9	7.3	4.90	19.3	4.5	15～35	3 407	—
モリブデン	Mo	5.0	7.6	5.20	10.22	3.7-5.3	—	2 623	—
亜鉛	Zn	5.5	7.8	4.18	7.13	30.2	—	419.58	25.5
コバルト	Co	5.6	9.5	6.96	8.9	13	—	1 495	25
ニッケル	Ni	6.2	10.3	6.61	8.9	13.4	5.0～9.0	1 455	26.1
カドミウム	Cd	6.8	9.8	4.41	8.65	30.8	—	321.03	26
鉄	Fe	8.9	14.7	6.52	7.87	11.8	4.6～15.5	1 536	25
白金	Pt	9.81	13.6	3.86	21.45	8.8	3.3～3.7	1 769	26.8
スズ	Sn	11.5	15.8	3.74	7.35	22	—	231.97	26.4
鉛	Pb	19.2	27	4.06	11.35	28.9	—	327.5	26.8

2.1.4　不純物の影響

図 2.4 に，銅における不純物と導電率の関係を示す。金属の導電率は不純物の影響を大きく受ける。一般に，鉄（Fe）やアルミニウム（Al）などの不純

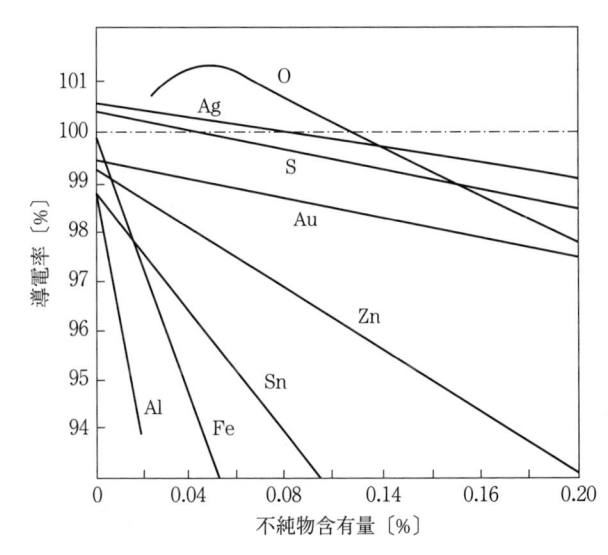

図 2.4　銅における不純物と導電率の関係

物が増加すると導電率が著しく低下する。

酸素（O）の添加によりいったん導電率が増加するのは，銅中の不純物が酸化作用により遊離するためである。銅中の酸素は水素が導入されると還元される。すると，H_2O となり内部にストレスが発生しもろくなる。この現象は**水素脆性**（ぜい）と呼ばれる。酸素の含有量を 0.005％以下にした無酸素銅は，化学的に安定で腐食にも強く，電気特性や機械特性も向上する。

2.1.5 機械加工の影響

金属材料に外力を加えた場合の変形には，弾性変形と塑性変形がある。図 2.5 に，金属における応力 σ とひずみ ε の関係を示す。外力が小さいときは，**フックの法則**に従い，ひずみ量と応力は比例関係にある。そして，外力から解放されるとひずみがゼロとなり元に戻る。このような変形を**弾性変形**と呼ぶ。弾性変形領域では，変形により抵抗率がわずかに変化するが，力を取り去ると抵抗率は元に戻る。

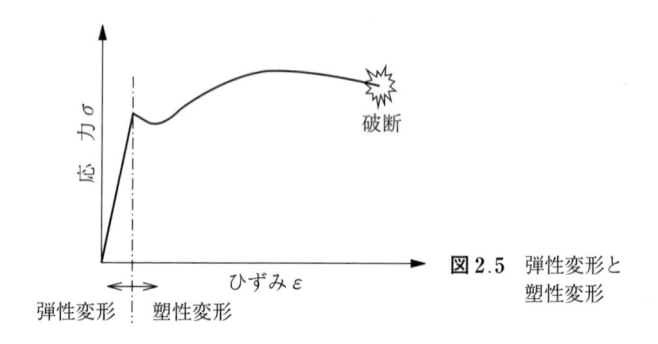

図 2.5 弾性変形と塑性変形

塑性変形領域では，力を取り去ってもひずみが残存し元に戻らない。この領域では，結晶中に転位などの結晶欠陥が発生している。外力を増していくと，応力の最大点に達し，やがて破断する。**図 2.6** は，塑性変形における銅の導電率と伸び率の関係である。引伸しにより結晶が塑性変形し，原子配列が乱れて導電率が低下する。

金属に塑性変形を発生させると，結晶欠陥や転位のからみ合いで転位の伸展

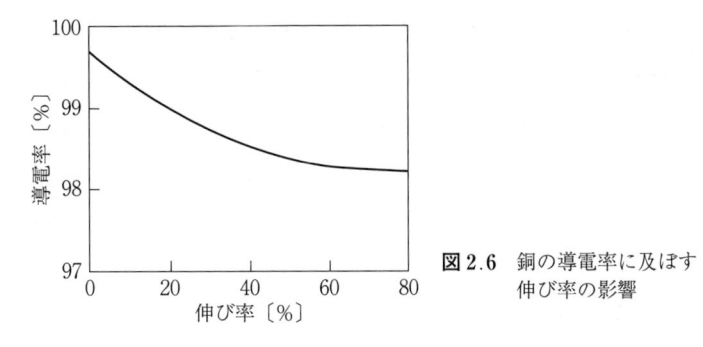

図 2.6 銅の導電率に及ぼす伸び率の影響

が起きにくくなる。すると材料の硬さや強度が増す。これを**加工硬化**と呼び，電線の製造などに利用される。

2.1.6 熱処理の影響

熱処理とは，金属材料を融点以下の高温に加熱したのち，冷却速度を変えて所望の電気的，機械的な性質を与える操作である。代表的な熱処理として，焼なましと焼入れがある。

加工によって結晶欠陥が発生した金属材料を高温で長く加熱したのち，ひずみを生じないように徐冷すると結晶欠陥が減少し，抵抗率や引張強度および硬

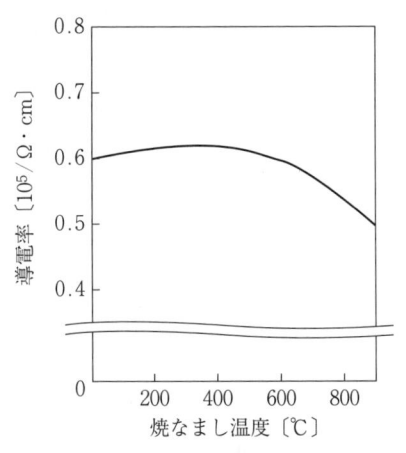

図 2.7 銅の焼なまし温度と導電率の関係

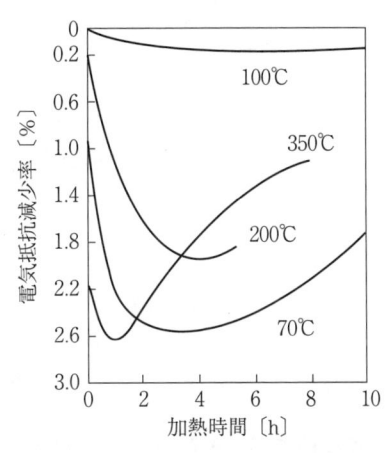

図 2.8 銅の焼なましによる電気抵抗減少率と加熱時間の関係

さが減少する。この技術を**焼なまし**と呼ぶ。**図2.7**に，銅の焼なまし温度と導電率の関係を示す。450℃以上の温度では，導電率が低下する。**図2.8**に，焼なましによる電気抵抗減少率と加熱時間の関係を示す。焼なましにより，加工でそろった結晶が元の乱れた状態に戻ることによる電気抵抗の増加と，結晶のひずみがなくなることによる電気抵抗の減少の両方が生じるため，非常に複雑な振舞いとなる。

金属を高温においた状態から急冷すると，高温で生じた結晶欠陥が凍結（クエンチ）され，ひずみを内包して硬度が増加する。この技術を**焼入れ**と呼び，材料の硬化に用いられる。

2.1.7 合金の導電率

2種類以上の金属を混ぜて溶融した状態（融液状態）から冷却すると，合金が得られる。その際の組成は，金属の種類によって異なる。2種類の金属AとBから合金を作る際のAとBの割合と液体，固体およびそれらの混合状態を示した図を**相図**と呼ぶ。**図2.9**に固溶体と共晶体における合金の相図を示す。

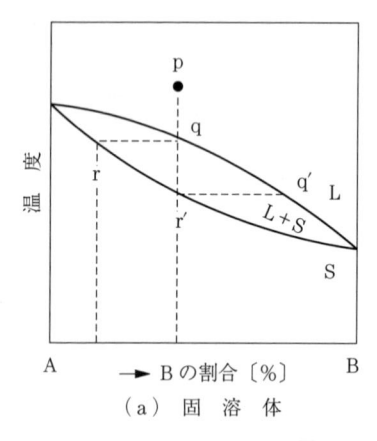

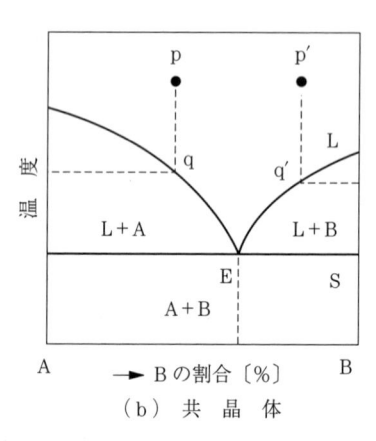

図2.9 合金の相図

固溶体とは，AとBが任意の割合で，原子レベルで混ざり合った単一の固体である。図(a)は，固溶体における相図である。図中のL，SおよびL+S

は，それぞれ液体，固体およびそれらの混在した状態を示す。この図において，Pの状態から温度を下げると，点qにおいて組成rの合金が析出し始める。さらに温度が下がると，液相中のA成分の濃度が下がるので相成分は点qから点q′の方向に変化し，固相成分はrからr′の方向に変化する。相成分がq′に到達すると，すべて凝固して単一相の固体を生成する。

一方，**共晶体**とは，2種の結晶が単純に機械的に混合した状態である。図(b)は，共晶体における相図である。図中のL+AおよびL+Bは，それぞれ液体と固体Aおよび液体と固体Bが混在した状態を示す。Pの状態から温度を下げると，点qでAが100%の結晶が析出し始める。さらに温度が下がると，液相中のA成分の濃度が下がり，やがて点Eに達する。そのあとはA, B同時に析出し，両方の結晶が混合した集合体を生成する。この点Eを**共晶点**と呼ぶ。P′の状態から温度を下げると，初めBが100%の結晶が析出し，点Eで共晶体を生成する。

図2.10に固溶体と共晶体における合金の組成と導電率の関係を示す。固溶体においては，異種原子の存在による格子不整合に伴う抵抗率が大きくなる。したがって，図(a)に示すように，固溶体の導電率はA, Bいずれの導電率よりも小さくなり，原子組成がほぼ1:1付近で極小値を示す。一方，共晶体の導電率は，多成分の結晶の抵抗が直並列に接続された状態と考えられ，図(b)

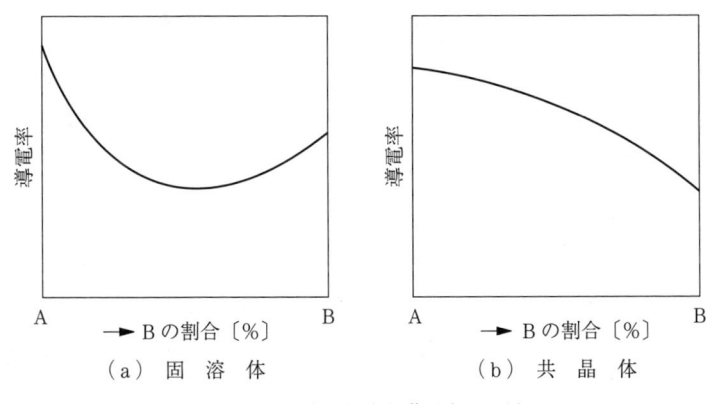

(a) 固溶体　　　(b) 共晶体

図2.10　合金の組成と導電率の関係

に示すようになる。

2.1.8 超 伝 導

超伝導とは，特定の金属や化合物などの物質を冷却したときに，電気抵抗が急激にゼロになる現象であり，1911年，オランダの物理学者オンネス[†]により発見された。**図2.11**に，金属，半導体，超伝導体の電気抵抗の温度依存性を示す。

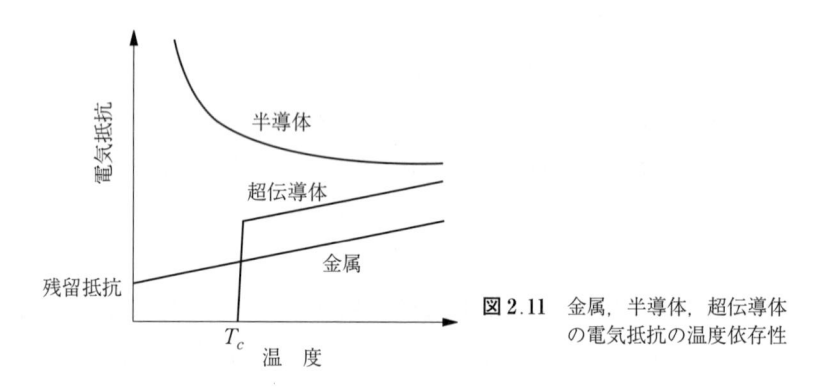

図2.11 金属，半導体，超伝導体の電気抵抗の温度依存性

半導体では，温度の低下とともに電気伝導に寄与するキャリヤの数が減少するため，電気抵抗が増加する。金属では，温度の低下とともに格子によるキャリヤの散乱が減少するため，電気抵抗が減少する。ただし，通常の金属では，温度が絶対零度になっても電気抵抗は有限の値（**残留抵抗**）を持つ。

一方，超伝導体となる物質の常温での電気抵抗は比較的大きい。通常の金属と同様，温度の低下とともに電気抵抗が減少するが，ある**臨界温度** T_c に達すると急激に電気抵抗が減少し電気抵抗がゼロとなる。

超伝導状態のもう一つの特徴として，**マイスナー**（Meissner）**効果**により，完全反磁性が実現される。この状態では，**図2.12**に示すように，超伝導体内部から磁界が排除されて内部磁界がゼロになる。超伝導体を磁石上で常伝導状態から徐々に冷やしていったとき，転移温度を超えた瞬間に浮き上がる**磁気浮**

[†] オンネス（H. K. Onnes）は，1913年にノーベル物理学賞を受賞した。

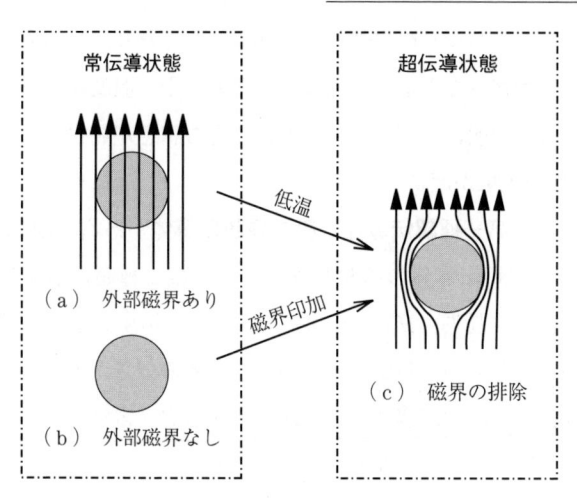

図2.12 マイスナー効果

上現象もこの効果によるものである。超伝導によって磁束の侵入が排除されるために，物体が浮き上がる。

超伝導体には，物質固有の臨界温度 T_c のほかに，**臨界電流密度** J_c および**臨界磁界** H_c が存在する。**図2.13**に，超伝導体における T_c，J_c および H_c の関係を示す。いったん超伝導状態になっても，温度が T_c 以上に上がったり，J_c 以上の電流が流れたり，H_c 以上の磁界が印加されると，超伝導状態は消失する。

超伝導現象は，キャリヤである電子が対[†]で移動することにより起こる。

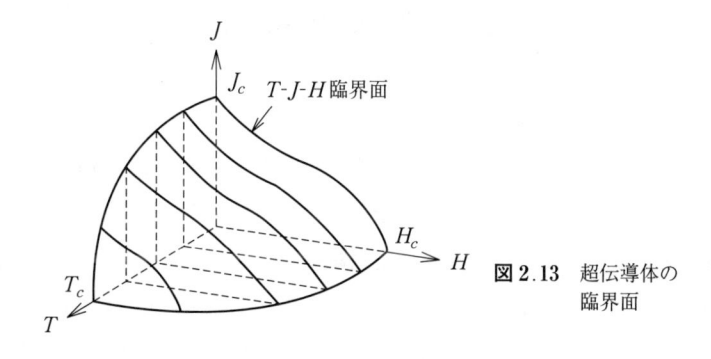

図2.13 超伝導体の臨界面

[†] **クーパーペア**と呼ばれる。クーパー（L. Cooper）は超伝導現象を理論的に説明した物理学者の一人で，1972年にノーベル物理学賞を受賞した。

電子が対になると、パウリの排他律に束縛されなくなり、一つのエネルギー状態に複数の粒子が存在できるようになる。その結果、温度が低下したときに、エネルギー最低の状態にすべての粒子が入り込む状態が発生し、超伝導や**超流動**[†]という特殊な現象が起こる。

超伝導体には、**第一種超伝導体**と**第二種超伝導体**がある。**図2.14**に第一種超伝導体と第二種超伝導体の磁化特性を示す。第二種超伝導体は、H_{c1}とH_{c2}の二つの臨界磁界を持ち、H_{c1}までは完全反磁性を示す。第二種超伝導体はおもに化合物からできている超伝導体であり、磁界の強さが大きくなると内部のひずみや不純物などの常伝導体に磁界が侵入するが、電気抵抗ゼロのまま超伝導と常伝導が共存した状態になることができる。

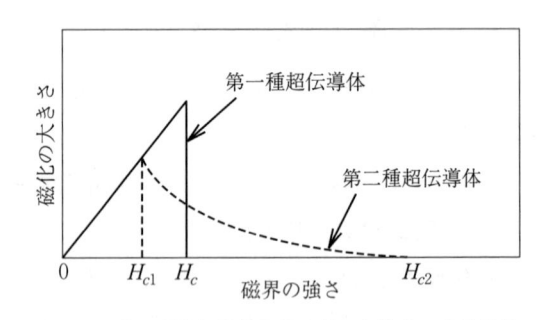

図2.14 第一種超伝導体と第二種超伝導体の磁化特性

2.2 各種の電線

2.2.1 裸電線

裸電線とは、被覆がなく導体がそのままむき出しになっているものである。通常の使用環境では、**がいしおよび空気が絶縁体**となる。裸電線は、電線自身の絶縁が必要ない用途として**高圧架空送電線**、絶縁しない用途として**架空電車線**（トロリ線）などに用いられる。ともに人が近づけないようにする必要がある。

裸電線には、**単線**と、複数の素線をより合わせた**より線**がある。単線は形状

[†] 流体の摩擦がゼロとなる現象。

2.2 各種の電線

により，丸線と平角線に分けられる。一般に，より線は同一断面積の単線より柔軟で折り曲げに強く，取扱いが容易である。断面積が同じより線では素線数が多いほど柔軟である。銅およびアルミニウムで構成されている。

図 2.15 に示す**裸硬銅より線**（H：一般用，PH：架空送電用）は，硬銅線をより合わせたもので，古くから使われている電線である。

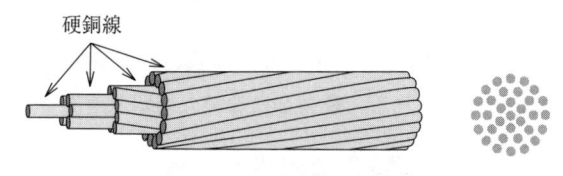

図 2.15 裸硬銅より線の構造

図 2.16 に示す**鋼心アルミより線**（**ACSR**：aluminium conductors steel reinforced）は，鋼より線の周囲に硬アルミ線をより合わせたもので，軽量で径を太くでき，引張強度も強く，経済的なため，高圧架空送電線などに広く使用されている。**鋼心耐熱アルミ合金より線**（**TACSR**）は，ACSRの硬アルミより線を耐熱性アルミ合金に代えたもので，使用温度を高くできる。

図 2.16 鋼心アルミより線（ACSR）の構造

架空電車線（トロリ線）は，電車の**パンタグラフ**を通して電車に電力を供給するための電線である。**図 2.17** に示すように，固定用の溝を設けたものが一般的であり，銅合金などが用いられる。

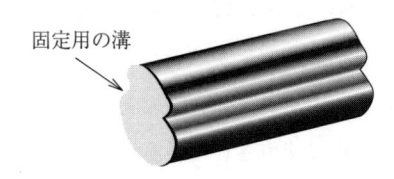

図 2.17 架空電車線（トロリ線）の形状

2.2.2 巻　　　線

巻線は**マグネットワイヤ**とも呼ばれ，電気エネルギーと磁気エネルギーの変換を目的として，電気機器の内部にコイル状に巻いて使用される。したがって，絶縁層を薄くして，導体の占有率ができるだけ高くなるように作られる。さらに，皮膜が強く，曲げ，伸び，擦れなどの外力に耐えること，耐湿性があることが要求される。大別すると，エナメル線（皮膜絶縁），横巻線（繊維質・フィルム絶縁），その他の特殊製法による電線，およびこれらを組み合わせた構造の電線とに分けられる。**表2.2**に巻線の種類と用途を示す。

表2.2　巻線の種類と用途

巻　線	絶縁の方式	用　途
エナメル線	エナメル被覆	汎用電気機器，小型電気機器
横巻線	綿，絹，合成繊維，ガラス繊維，紙，フィルム	耐熱性が要求される機器
複合絶縁巻線	エナメル被覆＋耐熱性繊維	高電圧回転機
リッツ線	多数の細いエナメル線のより合せ	インバータ対応の高周波用途

エナメル線には，油性エナメル線と合成樹脂エナメル線がある。油性エナメル線は小型電気機器巻線として用いられている。合成樹脂エナメル線は，油性エナメル線と比較して強度，耐熱性，耐溶剤性にすぐれており，広く普及している。ホルマール線，ポリエステル線，ポリウレタン線，ポリエステルイミド線，ポリイミド線，ポリアミドイミド線などがある。ポリイミド線は，230℃程度まで使用可能で最高の耐熱性を有するが高価である。ポリアミドイミド線は，ポリイミド線についで良好な耐熱性を有し，機械的特性にもすぐれているため，電動工具や自動車用電装品などに使用されている。

横巻線は，導体に綿糸や絹糸，合成繊維，あるいはガラス繊維を巻きつけたものである。綿巻線は安価であり，あまり耐熱性を要求されない機器や柱上変圧器に用いられる。絹巻線は高価であり，ポリエステル繊維巻線に代えられている。ガラス巻線は，回転機や乾式変圧器に使用されている。

複合絶縁巻線としては，耐熱性の良いエナメルコーティングと耐熱性の良い

繊維によるものが，高電圧回転機などに利用されている。例として，ポリエステルガラス巻線がある。

最近は，電気機器にインバータが多用されている。高周波領域での表皮効果による損失を低減するため，細いエナメル線を多数より合わせた**リッツ線**が用いられている。

2.2.3 絶 縁 電 線

絶縁電線とは，**図 2.18**に示すように，導線の周囲を絶縁物で覆ったものである。おもに，屋外の配電線や屋内配線などに用いられる。**表 2.3**に絶縁電線の種類と用途を示す。

図 2.18 絶縁電線の構造

絶縁体：塩化ビニル，ポリエチレンなど
導体（単線，より線）：銅，アルミニウムなど

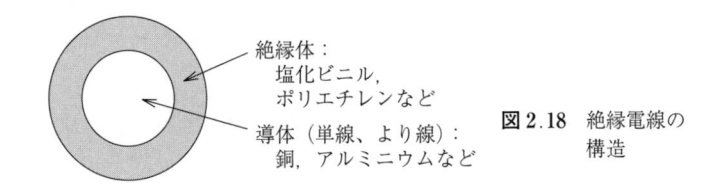

表 2.3 絶縁電線の種類と用途

電 線	絶縁の方式	用 途
OW 電線	ポリ塩化ビニル被覆	低圧架空配線
OE 電線	ポリエチレン被覆	電柱間配線 (6 600 V)
OC 電線	架橋ポリエチレン被覆	
IV 電線	ポリ塩化ビニル被覆	屋内配線 (600 V)
VVF ケーブル	並列 IV 電線をさらにポリ塩化ビニル被覆	

屋外用ビニル絶縁（OW：outdoor weatherproof）電線は，屋外用低圧架空電線として用いられる。硬銅線または硬銅より線をポリ塩化ビニルで被覆したものである。屋外用ということで，天候に対する耐性が要求される。

屋外用ポリエチレン絶縁（OE：outdoor polyethylene）電線と**屋外用架橋ポリエチレン絶縁（OC：outdoor crosslinked polyethylene）電線**は，高圧配電線として用いられる。ポリエチレンは絶縁特性が良好で入手が容易なため，絶縁材料として適している。しかしながら，ポリエチレンは耐熱性能がそれほど高

くない．ポリエチレンの耐熱性の低さを補うため，ポリエチレン分子を架橋し分子を網状に補強して耐熱性能を高めたものが架橋ポリエチレンである．最高許容温度が90℃まで向上し，短絡時許容温度も230℃という高温まで耐える．また，ポリエチレンは耐化学薬品性能や耐水性能にもすぐれている．

屋内配線には，**600 Vビニル絶縁**（**IV**：indoor PVC）**電線**や**VVFケーブル**（**VVF**：vinyl insulated vinyl sheathed flat-type cable）が用いられる．ケーブルとは，導線の周囲を絶縁物で覆い，さらにシース（外皮）を施したものである．IV電線は，導体にポリ塩化ビニルを被覆したものである．図2.19に示すように，VVFケーブルは，IV電線を並列にして，さらにポリ塩化ビニルのシースを施したものである．

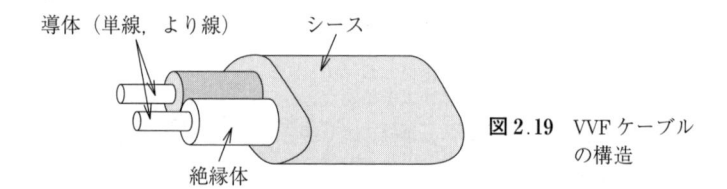

図 2.19 VVFケーブルの構造

屋内用途としては，このほかにビニルコードとゴムコードがあり，電化製品のコードとして用いられている．ゴムコードは，耐熱性が要求されるこたつや電熱器に使用される．

2.2.4 電力ケーブル

送配電線などに用いられるケーブルは**電力ケーブル**（口絵 p.1 参照）と呼ばれる．図2.20に電力ケーブルの構造を示す．シースとして使用する材質は，クロロプレンゴム，塩化ビニル，ポリエチレン，鉛，アルミニウムなどである．比較的大型の電線で，使用電圧が高く，大電流を流す用途に用いられる．表2.4に電力ケーブルの種類と使用電圧を示す．

CVケーブルは，架橋ポリエチレン絶縁ビニルシースケーブル（crosslinked polyethylene insulated polyvinyl chloride sheathed cable）の略称であり，導体を架橋ポリエチレンで被覆し，その外周をビニルシースで被覆したケーブルで

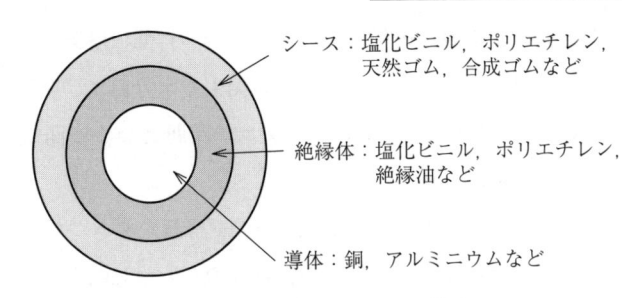

(a) 単心電力ケーブルの構造

シース：塩化ビニル，ポリエチレン，天然ゴム，合成ゴムなど
絶縁体：塩化ビニル，ポリエチレン，絶縁油など
導体：銅，アルミニウムなど

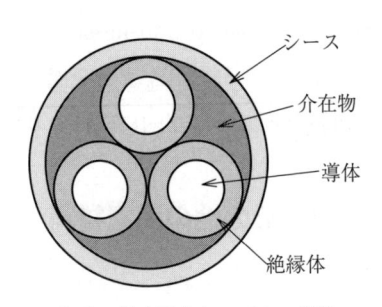

(b) 多心電力ケーブルの構造

シース
介在物
導体
絶縁体

図2.20 電力ケーブルの構造

表2.4 電力ケーブルの種類と使用電圧

電力ケーブル	絶縁の方式	使用電圧〔kV〕
CVケーブル	プラスチック絶縁	0.6～500，交流のみ
OFケーブル	油浸紙絶縁	66～500
POFケーブル	油浸紙絶縁	154～500
GIL	SF_6と固体スペーサ	154～500

ある。また，CVDケーブル，CVTケーブル，CVQケーブルは，単心のCVケーブルをより合わせた電力ケーブルである。CVケーブルはきわめて一般的であり，普及率が高い。住宅や事務所，商業施設，工場など，ほほどのような建築物にでも使用に適している。ただし，CVケーブルでは，架橋ポリエチレン内部の空間電荷の蓄積が問題となるため，交流にしか使用されていない。

OF（oil-filled）**ケーブル**は，導体上に絶縁紙を巻いて金属シースを施し，金属シース内部に絶縁油を充填した構造のケーブルである。低粘度の絶縁油と絶

縁油を含浸した絶縁紙が絶縁を確保している。また，外部に設置した油槽などによりつねに大気圧以上の圧力を加え，気泡の発生や水分および空気の侵入を防止している。OFケーブルでは，CVケーブルで問題となる空間電荷の蓄積が少ないので，直流送電にも使用できる。

POF（pipe-type oil-filled）**ケーブル**では，油浸絶縁紙を巻きつけた導体からなるケーブルを防食鋼管内に収め，鋼管内に粘度の高い絶縁油を高圧で充填している。

管路気中送電線（**GIL**：gas-insulated transmission line）は，導体を金属パイプ内に収め，パイプ内に絶縁性の高いSF_6ガスを充填させた送電線である。なお，導体は，エポキシ樹脂などでパイプ内に支持されている。

2.3 その他の導電材料

2.3.1 電気接点材料

リレーやスイッチなどの接点には，耐久性能および接触信頼性が要求される。**接点材料**として貴金属合金や金属酸化物が適用されている。電気伝導性にすぐれた銀や銅と耐熱性および耐アーク性にすぐれたタングステン，グラファイトや金属酸化物との合金が用いられている。以前は，カドミウムも用いられていたが，毒性の問題でカドミウムフリー化が進んだ。接点材料は接触抵抗の安定性が重要である。表面加工の平坦性および耐摩耗性が要求される。

2.3.2 抵 抗 材 料

所望の抵抗値を有する素子は，電気回路を構成する抵抗素子として重要である。**抵抗材料**としては，体積抵抗率の高い金属やその合金，非金属材料としてはおもに炭素が用いられる。**表 2.5** に各種抵抗材料の特徴と用途を示す。

タングステンは，体積抵抗率が大きく，3 400℃と融点が高いので，抵抗材料として利用される。電球のフィラメントやヒータに使用されている。

銅マンガン合金は**マンガニン**と呼ばれ，マンガンが 10～13％，ニッケルが 1

表2.5 各種抵抗材料の特徴と用途

抵抗材料	特徴	用途
タングステン	高融点 高温でも酸化されにくい	フィラメント ヒータ
銅マンガン合金 (マンガニン)	抵抗の温度係数が小さい 銅に対する熱起電力小	標準抵抗
銅ニッケル合金 (コンスタンタン)	抵抗の温度係数が小さい 耐熱性，耐食性良好	熱電対（銅，鉄）
ニッケルクロム合金 (ニクロム)	高温でも酸化されにくい 耐熱性，耐食性良好	ヒータ
ニッケルマンガン合金 (アルメル)	耐熱性良好	熱電対（アルメル-クロメル）
炭素	低価格	抵抗器

～4%で，銅，マンガンとニッケル合わせて98%以上の組成である。酸化防止のため，アルミニウム，鉄，すずなどを加えることもある。マンガニンの体積抵抗率は 0.44 ± 0.03 μΩ·m で，抵抗の温度係数が 1×10^{-5} K^{-1} と非常に小さく，銅に対する熱起電力が小さいので，標準抵抗として使用される。

　銅ニッケル合金の代表は，**コンスタンタン**と呼ばれ，銅が55%，ニッケルが45%の合金である。コンスタンタンは抵抗の温度係数が小さく，耐熱性，耐食性が良好であり，銅あるいは鉄との組合せで熱電対として使用されている。**銅-コンスタンタン熱電対**は250℃まで，**鉄-コンスタンタン熱電対**は900℃まで使用できる。

　ニッケルクロム合金は**ニクロム**と呼ばれ，ニッケルにクロムあるいはクロムと鉄を加えた合金である。ニクロムは，高温でも酸化されにくい，耐熱性，耐食性が良好であり，引張強度が大きいので，電熱線として利用される。800～1 100℃での使用が可能である。

　ニッケルマンガン合金は**アルメル**と呼ばれる。ニッケルとクロムの合金である**クロメル**との組合せの**アルメル-クロメル熱電対**は，0～1 000℃の温度で起電力の直線性が良好であり，耐熱性も良いので，1 200℃までの熱電対として使用される。

非金属抵抗材料の代表は**炭素抵抗**であり，さまざまな製法がある。抵抗素子として用いられるのは，ソリッド抵抗と炭素被膜抵抗である。**ソリッド抵抗**は，炭素系の抵抗体とセラミックスなどを練って焼結したものである。過酷な条件下での使用に強く，丈夫であり，幅広い抵抗値範囲をカバーできる。**炭素被膜抵抗**は絶縁物の表面に炭素被膜を形成したもので，最も安価で，幅広い抵抗値があり，汎用抵抗器の主流である。

2.3.3 低融点導電材料

過電流保護のための**ヒューズ**も導電材料の一種である。定格電流が流れているときは抵抗が低く，定格電流以上の電流が流れると急激に温度が上昇して溶断することが要求される。一般に，ヒューズが溶断することを，"切れる"または"飛ぶ"といい，使い捨てで交換する。低融点の金属とそれらの合金が用いられる。

電線その他の金属を，導通を確保して接着するためのろう付け材料がある。ろう付け材料には，軟ろうと硬ろうがある。**軟ろう**は一般に**はんだ**と呼ばれる。**図 2.21** に，はんだ材料の融点を示す。すずと鉛の合金が長く用いられてきたが，最近は鉛の毒性が問題視されており，**鉛フリーはんだ**が用いられるようになってきている。**硬ろう**には，銀ろうと黄銅ろうがある。銀ろうは銀と銅

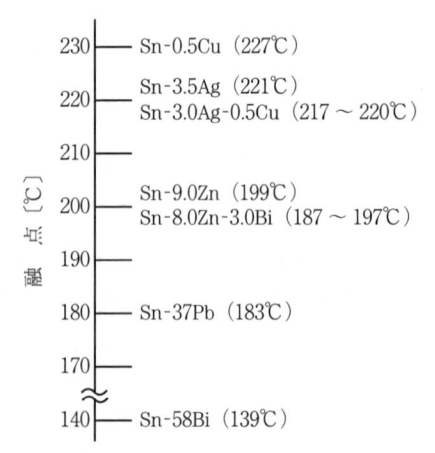

融点 [℃]
- 230 — Sn-0.5Cu (227℃)
- 220 — Sn-3.5Ag (221℃)
        Sn-3.0Ag-0.5Cu (217〜220℃)
- 210
- 200 — Sn-9.0Zn (199℃)
        Sn-8.0Zn-3.0Bi (187〜197℃)
- 190
- 180 — Sn-37Pb (183℃)
- 170
- 140 — Sn-58Bi (139℃)

図 2.21 はんだ材料の融点

の合金であり，融点は700℃程度である。黄銅ろうは銅と亜鉛が主成分で，融点は800〜900℃である。

2.3.4 透明導電膜

元来，電気を通しやすいことと透明であることは，相反する性質である。金属中には自由電子が多数存在する。この自由電子が光を反射するため，金属は不透明となる。一方，絶縁体中には光を反射する自由電子が存在しない。かつバンドギャップが広いため，可視光程度の光のエネルギーでは，価電子帯の電子を伝導帯に励起することはできない。そのため，光を吸収することはない。したがって，絶縁体は，光を反射・吸収することがないため，透明である。

透明導電膜としては，カドミウム，インジウム，亜鉛，およびすずの酸化物が候補となる。これらの酸化物では，金属原子の電子雲が酸素原子より大きく広がり重なり合うため，電子が原子の間を移動できるようになる。最も一般的な透明導電膜は **ITO**（indium tin oxide）である。In_2O_3 は十分な導電率は持たないが，SnO_2 を加えることにより，良質な透明導電膜が得られる。ただし，インジウムは**レアメタル**の一種であり，代替の要求が強く，ZnO の検討が進められている。なお，カドミウムは，最も電子雲の広がりが大きいが，その毒性のために使用が難しい。

透明導電膜にはさまざまな用途がある。**図 2.22** は，液晶ディスプレイの断

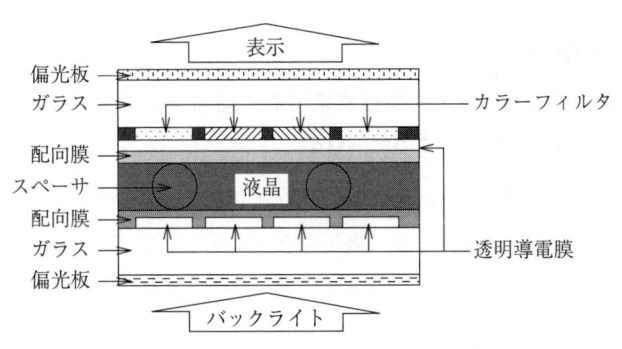

図 2.22 液晶ディスプレイの断面構造

面構造である。液晶に電界を印加し，偏光を制御するために透明導電膜が用いられている。バックライトを透すため，透明導電膜が必要となる。画像を再現させるため，透明導電膜は画素ごとに分離されている。

図2.23は，タッチパネルへの応用である。下の画像を認識するため全体を透明にする必要がある。さらに，表面からの圧力により上下の電極間で導通させる必要があり，フレキシブルであることが要求される。

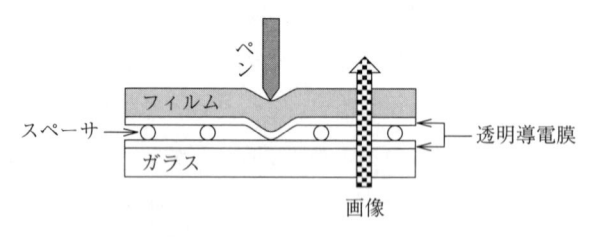

図2.23　タッチパネルの構造

図2.24は，太陽電池の電極としての適用例である。太陽電池の直列抵抗の低減と太陽光の反射防止の役目がある（6.1.1項参照）。

図2.24　太陽電池の構造

2.3.5　超伝導材料

超伝導体の用途としては，**超伝導電磁石**，**磁気浮上式鉄道**（超電導リニアモータカー），**核磁気共鳴画像法**（**MRI**：magnetic resonance imaging），**超伝導量子干渉計**（**SQUID**：superconducting quantum interference device）など，多岐にわたる。超伝導電磁石は，超伝導を利用することで強力な磁界を発生させることができる。磁気浮上式鉄道やMRIにも利用されている。SQUIDは，微小な磁界の測定に使用される。

超伝導体の実用上の障壁は，低温にしなければならないことである。超伝導

現象が発見されてから現在まで，いかに高温で超伝導を実現するかという挑戦が続けられてきた。**図 2.25** に**臨界温度**の高温化の歴史を示す。1911 年にオンネスが最初に水銀で超伝導を発見したときの臨界温度は，4.2 K であった。1953 年には，臨界温度 17 K のニオブスズ（Nb_3Sn）が発見された。1986 年にヨハネス・ベドノルツとアレックス・ミュラー[†]が，ランタン（La）系の第二種超伝導体を発見してからは，急激に臨界温度が上がった。

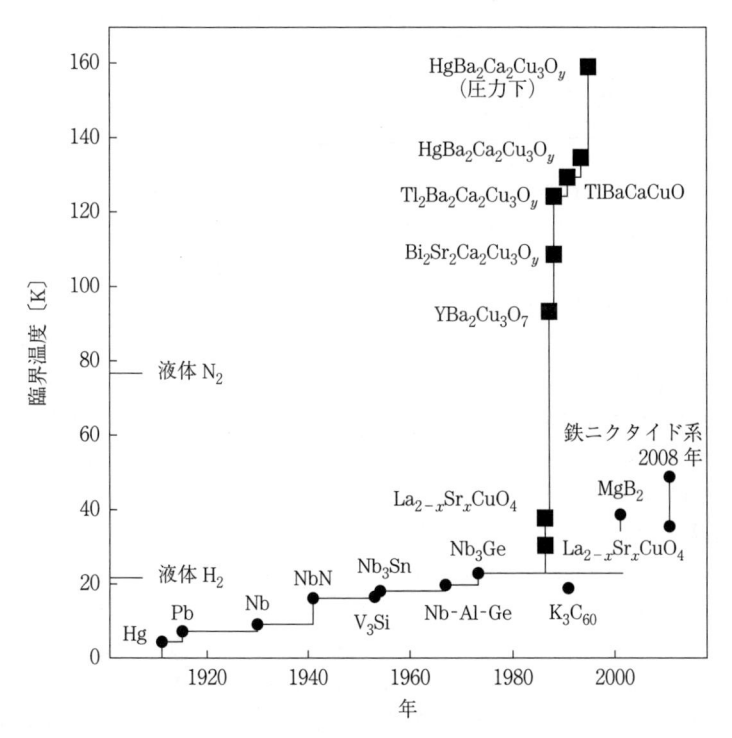

図 2.25 超伝導体の臨界温度の高温化の歴史

液体窒素の沸点である -196℃（77 K）以上で超伝導現象を起こすものは，特に**高温超伝導物質**と呼ばれる。最初に発見された高温超伝導物質は，Y-Ba-Cu-O 系である。現在では，160 K を超す高温超伝導物質が発見されている。もし，室温で超伝導となる物質が発見されると，用途は飛躍的に広がる。

---
† この 2 名は，1987 年にノーベル物理学賞を受賞した。

コーヒーブレーク

相 転 移

物質の状態を相と呼び，相が変化することを**相転移**と呼ぶ。身近なものから体験が不可能なものまで，さまざまな相転移が存在する。それらを表にまとめる。

表 相転移

相転移の名称	事 象
構造相転移	固体，液体，気体間の状態変化
常伝導 – 超伝導相転移	常伝導，超伝導の状態変化
磁気相転移	磁性の消滅
真空の相転移	宇宙誕生直後の変化

　固体，液体，気体間の状態変化は最も身近な相転移の例である。水は，1気圧下においては，0℃以下では固体の氷であり，0～100℃では液体であり，100℃以上では気体の水蒸気となる。この状態変化が構造相転移である。

　2.1.8項で扱った，臨界温度，臨界磁界，臨界電流密度を境とする超伝導と常伝導の変化も相転移である。また，5.1.4項で扱うキュリー温度以上で磁性が消失する現象も相転移である。

　観測からの理論的推定であり，人類が体験することが不可能な相転移に，宇宙誕生直後に起きたと考えられている真空の相転移がある。われわれの宇宙は，137億年前に起こったビッグバンによって誕生したと考えられている。そして，宇宙誕生時は非常に高温で，自然界の四つの力[†]は一つであったと考えられている。ビッグバン後，宇宙は急激に温度が下がり，それに伴って4回の相転移が起こったと考えられている。1回目の相転移はビッグバン後 10^{-44} 秒後に起こり，重力が分離した。2回目の相転移は 10^{-36} 秒後に起こり，強い力が分離した。3回目の相転移は 10^{-11} 秒後に起こり，弱い力と電磁気力に分離した。この時点で四つの力がそろった。4回目の相転移は 10^{-4} 秒後に起こり，クォークが結びつき陽子が誕生した。

---

† 1章のコーヒーブレーク「素粒子」を参照。

3 半導体材料

3.1 半導体材料の基礎

3.1.1 半導体の特徴と分類

 一般に，半導体は，電気伝導率が電気の良導体である金属と電気を通さない絶縁体の中間の値を有する物質と定義される。ただし，これだけが半導体の性質ではない。**表3.1**に半導体の特徴を示す。半導体は，さまざまな接合を利用して，電気的な能動デバイスが実現可能である。ダイオード，トランジスタ，サイリスタ，IGBT (insulated gate bipolar transistor) などが半導体で実現されている。

表3.1 半導体の特徴

物 性	具体的な効果	適用例
電気的性質	・金属と絶縁体の中間の導電率 $10^{-4} \sim 10^5$ [S/m] ・異種接合での電気的非線形性	ダイオード，トランジスタ，IGBT
光電変換	・光 → 電気（電流）への変換 ・電気（電流）→ 光への変換	撮像素子，LED，レーザ
熱電効果	・ゼーベック効果：熱 → 電気 ・ペルチエ効果：電気 → 熱 ・トムソン効果	温度センサ電子冷却
構造敏感性	・圧電効果（ピエゾ効果）	ピエゾ素子
磁界による効果	・ホール効果	ホール素子

 半導体を用いて，光から電気へ，電気から光への変換が可能である。光を電気に変換するデバイスとして，デジタルカメラ，家庭用ビデオカメラ，携帯電話などに内蔵される撮像デバイスはすべて半導体光電変換デバイスである。半

導体は電気から光への変換も可能であり，LED (light emitting diode)，半導体レーザなどが実現されている。さらに，太陽電池により，光のエネルギーを電気エネルギーに変換可能であり，自然エネルギー利用拡大の切り札として期待されている。

半導体は，熱に対しても敏感である。ゼーベック効果により熱から電気への変換，逆にペルチエ効果により電気から熱への変換が可能である（1.3.2項参照）。これらの効果は金属でも見られるが，半導体では100倍程度敏感な材料が得られる。また，誘電的性質を有する半導体では，圧電効果（ピエゾ効果，4.1.5項参照）により，機械的ひずみを電気に変換することができる。

ホール効果は，磁気と電気との相互作用によるものであり，ホールデバイスとして実用化されている。また，ホール効果を利用して，半導体の導電型や半導体中の伝導キャリヤの移動度を測定できる。

半導体はさまざまな項目で分類することができる。**表 3.2** に分類例を示す。半導体を構成元素で分類すると，元素半導体と化合物半導体に大きく分類できる。**元素半導体**には，ゲルマニウム，シリコン，炭素（ダイヤモンド，フラーレン，カーボンナノチューブ，グラフェンなどの構造をとる）の**Ⅳ族元素半導体**がある。

表 3.2　半導体の分類例

分類項目		分類結果
構成元素による分類	元素半導体	Si, Ge, C（ダイヤモンドなど）
	化合物半導体	Ⅲ－Ⅴ族：GaAs, InP, GaP, InGaAsP, GaN Ⅱ－Ⅵ族：ZnS, ZnSe, CdS, CdTe Ⅳ－Ⅳ族：SiC, SiGe
	酸化物半導体	SnO_2, ZnO, In_2O_3
原子配列による分類		単結晶，多結晶，アモルファス（非晶質）
キャリヤによる分類		電子半導体，イオン半導体
無機，有機による分類		無機物半導体，有機物半導体

化合物半導体としては，一般に，"族数を平均してⅣ"となる組合せの化合物が半導体としての物性を発現させる。**Ⅲ－Ⅴ族化合物半導体**としては，

GaAs，InP，GaP，GaN などが光電変換デバイスや高周波デバイスとして実用化されている。**Ⅱ-Ⅵ族化合物半導体**としては，ZnS，ZnSe，CdS などが太陽電池などの光電変換デバイスに適用されている。**Ⅳ-Ⅳ族化合物半導体**としては，SiC が光電変換デバイスやパワーデバイスとして，SiGe がシリコン集積回路の高性能化に用いられている。そのほかに**酸化物半導体**があり，透明電極などに用いられる。

原子配列により，単結晶，多結晶およびアモルファス（非晶質）に分類できる。高性能デバイスには，基本的に単結晶半導体が用いられている。単結晶は，物質全域で原子が規則的に配列している。多結晶は，部分的な単結晶が集合した物質である。また，非晶質は原子の配列は不規則であるが，きわめて短い距離での原子の結合は結晶に近く，半導体の性質が現れる。多結晶および非晶質半導体は，低コストが要求される太陽電池などに用いられている。

そのほかに，伝導キャリヤや有機物と無機物による分類も可能である。有機物半導体は，フレキシブルな半導体が実現可能である。タッチパネルや有機薄膜太陽電池への適用など，近年おおいに注目されている。

3.1.2 半導体の結晶構造

Ⅳ族原子の四つの価電子は，結晶化のための結合の手を形成する。このときの結合手は **sp^3 混成軌道**により構成されており，**図3.1**(a)に示すように，そ

(a) 基本構造　　　(b) 結晶構造

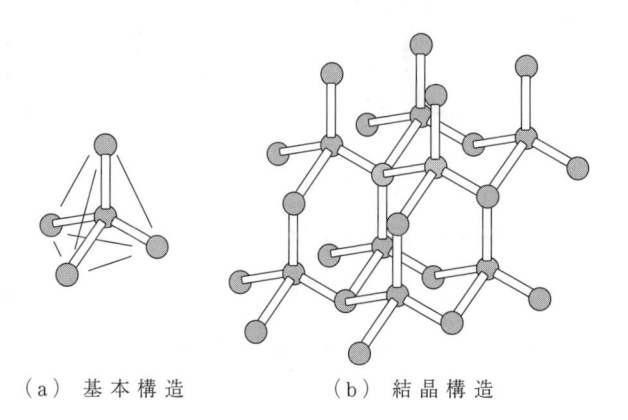

図3.1　半導体の結晶構造1

の方向は正四面体の四つの頂点の向きである。それが規則的に並んで，図(b)に示すような結晶構造を作る。この結晶構造は，一般に**ダイヤモンド構造**と呼ばれている。**図3.2**はダイヤモンド構造を別の方向から見たものである。図中に示したaの長さを**格子定数**と呼ぶ。

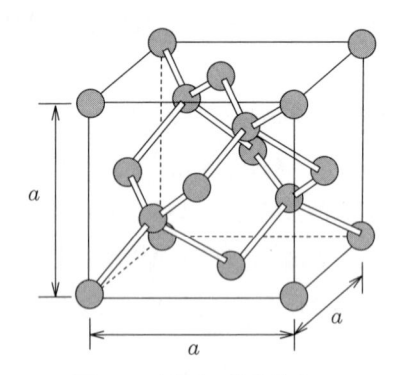

図3.2 半導体の結晶構造2

化合物半導体においては，おもに2種類の結晶構造を取り得る。**図3.3**に，sp^{3}混成軌道で形成される正四面体の2種類の重なり方を示す。それぞれの図において，左側は鳥瞰図，右側は真横から見た図である。右側の図の二重線は，前後の結合手が重なっていることを示す。

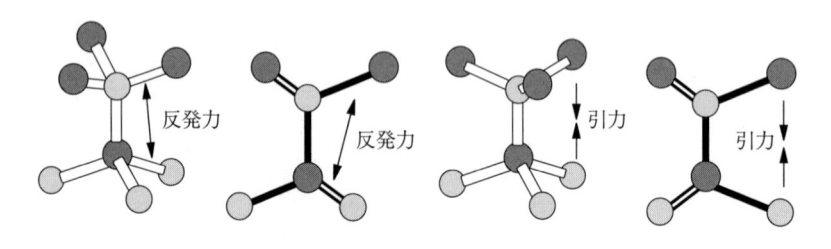

(a) 共有結合性結晶　　(b) イオン結合性結晶

図3.3 結晶の構成における原子の重なり方

図(a)は底面の三つの原子の間の位置に上面の三つの原子が配置する場合であり，図(b)は底面の三つの原子の真上に上面の三つの原子が配置する場合

である。図(a)の構造をとるのは共有結合性の強い場合で、結合手（価電子による負電荷を有する）のクーロン反発力により、上下の結合手が離れた位置にくる。一方、図(b)はイオン結合性の強い場合で、上下の原子間のクーロン引力が結合手のクーロン反発力より強く、底面の原子の真上に上面の原子が配置する。

この重なりが繰り返される結果、共有結合性の強い化合物半導体結晶では、**図3.4**(a)に示す立方晶系の**せん亜鉛鉱構造**となる。一方、イオン結合性の強い化合物半導体結晶では、図(b)に示す六方晶系の**ウルツ鉱構造**となる。なお、せん亜鉛鉱構造では、3回の重なりの繰り返しごとに最初と同じ結晶配列となるため、**3C構造**と呼ぶ（繰返しの3とcubic（立方晶系）のCを合わせた呼称）。同様に、ウルツ鉱構造では、2回の重なりの繰返しごとに最初と同じ結晶配列となるため、**2H構造**と呼ぶ（繰返しの2とhexagonal（六方晶系）のHを合わせた呼称）。

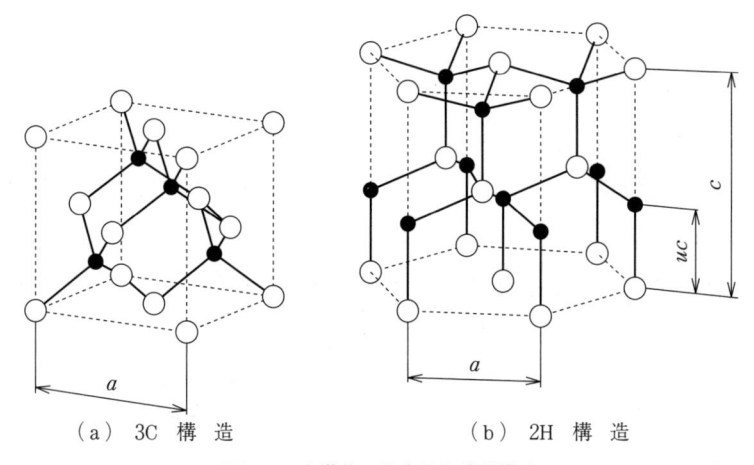

(a) 3C 構 造　　(b) 2H 構 造

図3.4 半導体の代表的な結晶構造

Ⅳ族どうしの化合物であるSiCは微妙な静電力の状態にあり、4H、6H、3Cのほか、15R（rhombohedral、菱面体晶系）などさまざまな結晶構造をとる。そのため、安定した結晶製造が非常に難しい。

3.1.3 プロセス導入欠陥

シリコン中には,さまざまな結晶欠陥が,意図的にもしくは予期せずに導入される。筆者は,ウェーハの製造プロセスおよびデバイスの製造プロセス中に導入される結晶欠陥を総称して,**プロセス導入欠陥**(**PRIDE**:process induced defect)と呼んでいる。**表3.3**は,PRIDE の二面性を示したものである。PRIDE にはデバイスを作り込むための PRIDE(**良性 PRIDE**)とデバイスに悪影響を与える PRIDE(**悪性 PRIDE**)がある。良性 PRIDE は,制御された条件のもと意図的に導入する。一方,悪性 PRIDE は,製造プロセス中に予期せずに導入され不良を誘引する。

表3.3 結晶欠陥の二面性,PRIDE(プロセス導入欠陥)

良性 PRIDE	悪性 PRIDE
・ドーパント ⇒ p 型,n 型の制御 ・pn 接合 ⇒ ダイオード,トランジスタ ・MOS 接合 ⇒ MOSFET ・ショットキー接触 ⇒ ショットキーダイオード ・発光中心 ⇒ 発光ダイオード ・再結合中心 ⇒ スイッチングタイム制御 ・動作領域以外の欠陥 ⇒ ゲッタリング	・COP ⇒ 酸化膜耐圧劣化,素子分離不良 ・動作領域の転位や析出物 ⇒ リーク不良 ・表面,界面 ⇒ 特性異常 ・物理的汚染 ⇒ 特性異常,プロセス異常 (重金属,アルカリ金属,ドーパント,有機物など) ・化学的汚染 ⇒ 銅汚染による表面ピットの形成

ドーパント不純物は,p 型,n 型の制御を行うための不純物である。導電型の制御は,半導体デバイスにとって必須である。そして,p 型,n 型の制御を行い,**pn 接合**,**MOS**(metal oxide semiconductor)**接合**,**ショットキー接触**などを形成することにより,初めてダイオードやトランジスタなどの能動デバイスを作ることができる。ドーパント以外にも,意図的に不純物が導入される場合がある。発光ダイオードや半導体レーザでは所望の色を発光させるために**発光中心**となる不純物を導入している。また,パワーデバイスにおける**ライフタイム制御**は,結晶欠陥の導入により行われる。**ゲッタリング**とは,デバイス動作領域以外の領域に故意に欠陥を形成する技術である。半導体中の重金属不純物はデバイス不良を引き起こすことが多いが,これらの不純物をエネルギー的に安定な欠陥部に集めて,デバイスの動作領域を正常に保つ。

一方，悪性 PRIDE は，さまざまな不良を引き起こす。**COP**（crystal originated particle）は，単結晶育成中に形成される 0.1〜0.3 μm 程度の欠損（void，ボイド）である。1990 年代において，シリコン MOS 型集積回路で COP による大問題が発生した。デバイスの動作領域に**転位**や**析出物**などの結晶欠陥が形成されると，デバイスのリーク不良が引き起こされる。特に，大電流を扱うパワーデバイスにおいてはその管理が重要である。半導体デバイス製造においては，つねに結晶（ウェーハ）の**界面**および**表面**の状態を管理しなければならない。シリコンにおいては，シリコン酸化膜による保護（不動態化）が有効である。

半導体デバイス製造プロセス中には**物理的汚染**[†]として，さまざまな不純物が導入される可能性がある。重金属，アルカリ金属，ドーパント不純物，あるいは有機物などが管理されていない状態で導入されるとさまざまな不具合を引き起こす。不純物の物理的汚染以外に，不純物の種類によっては，**化学的汚染**で不良を引き起こすものがある。実際にシリコンデバイス製造プロセス中では，銅（Cu）による不良が発生している。シリコン表面に銅が付着した状態で，純水あるいはフッ酸中に入ると，シリコン表面が局所的に酸化される。酸化により，表面に凹部が形成され，不具合を発生させることがある。

3.1.4 接合の機能

半導体が単体で使用されることはまれである。半導体どうしの接合あるいは導電体や絶縁体との接触によって形成されるエネルギーの不連続を巧みに利用してデバイスを作り込んでいる。**図 3.5** に，さまざまなエネルギー不連続の効果の例を示す。

図（a）は，ポテンシャル障壁におけるキャリヤの反射と加速である。このようなポテンシャル障壁は，p 型，n 型のドーピングや，つぎに述べるヘテロ接合によって形成できる。図（b）は，薄いエネルギー障壁におけるキャリヤの

[†] 単に汚染といった場合は物理的汚染をさすことが多い。

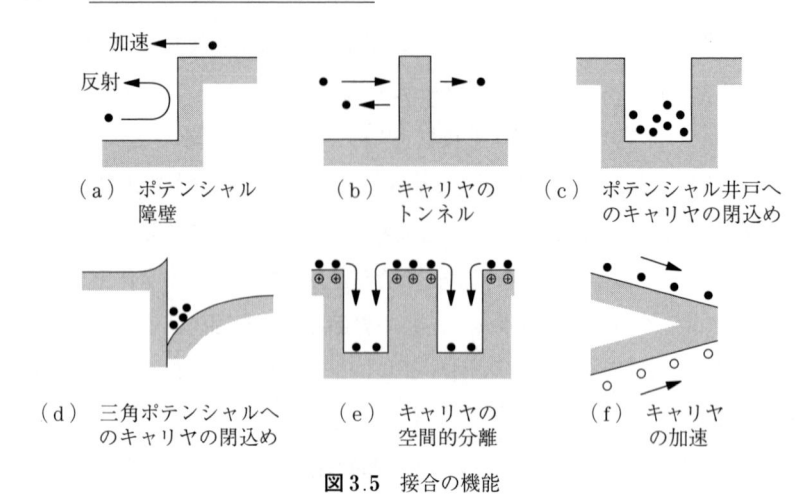

(a) ポテンシャル障壁　(b) キャリヤのトンネル　(c) ポテンシャル井戸へのキャリヤの閉込め

(d) 三角ポテンシャルへのキャリヤの閉込め　(e) キャリヤの空間的分離　(f) キャリヤの加速

図 3.5　接合の機能

トンネルである。トンネル効果は量子力学的効果であり，エネルギー障壁の厚さが 10 nm 程度以下で起こる。図(c)は，ポテンシャル井戸へのキャリヤの閉込め，図(d)は，三角ポテンシャルへのキャリヤの閉込めである。ヘテロ接合や MOS 構造で実現できる。図(e)は，つぎに述べる**超格子**を利用したキャリヤの空間的分離である。図(f)は，化合物半導体の組成を変化させ，バンドギャップを連続的に変化させることにより実現できるキャリヤの加速である。

ドーパントの種類あるいは濃度の異なる同一の半導体どうしの接合を**ホモ接合**，バンドギャップの異なる半導体の接合を**ヘテロ接合**と呼ぶ。**図 3.6** は，ヘテロ接合の種類とその繰返しで形成した超格子のエネルギーバンド図である。図(a)のタイプ 1 では，電子および正孔ともバンドギャップの小さい半導体に閉じ込められる。図(b)のタイプ 2 では，電子と正孔の閉じ込められる空間的位置が異なっている。もし，各層が薄ければ，バンドギャップが実効的に元のどちらの半導体よりも小さくなる。図(c)のタイプ 3 では，実効的なバンドギャップが負になり，半金属状態となる。

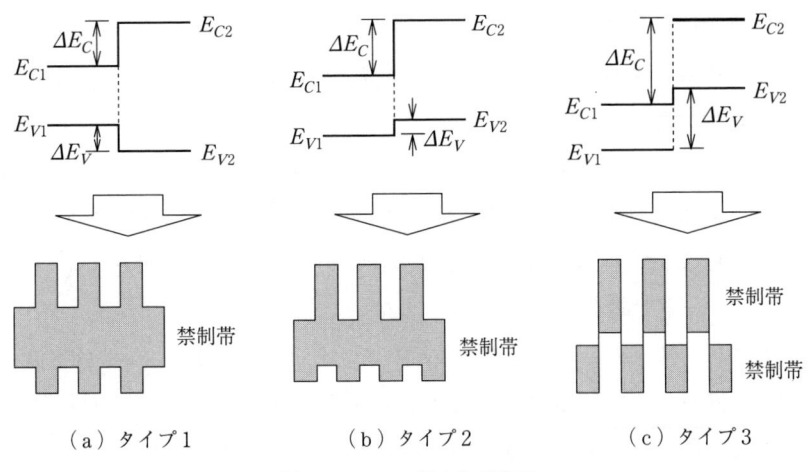

図3.6 ヘテロ接合と超格子

(a) タイプ1　(b) タイプ2　(c) タイプ3

3.1.5 光電変換

半導体デバイスを用いて，光から電気へ，電気から光への変換が可能である。**図3.7**(a)は，**フォトダイオード**における光から電気への変換の例である。逆バイアスしたpn接合にバンドギャップ以上のエネルギーの光を照射す

(a) 光から電気への変換
　　（フォトダイオード）

(b) 電気から光への変換
　　（発光ダイオード）

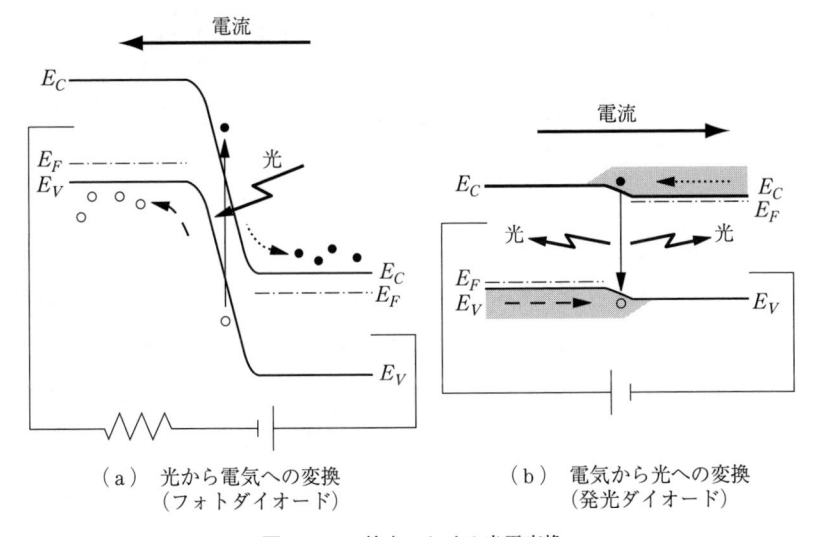

図3.7 pn接合における光電変換

ると，電子-正孔対が生成される。フォトダイオードは逆バイアスされており，電子はn型半導体側に正孔はp型半導体側に流入し，外部負荷を通して逆方向電流が流れる。

図(b)は，**発光ダイオード**における電気から光への変換の例である。発光ダイオードは順バイアスされており，順方向電流が流れる。pn接合部では，再結合が起こるが，この際に再結合のエネルギーが光として放出されるのが，発光ダイオードである。

表3.4に，種々の半導体光電変換デバイスを示す。通常，フォトダイオードは逆方向バイアス，太陽電池（6.1.2項参照）は順方向バイアス（外部バイアスなしで負荷を接続すると順バイアス状態になる）で使用される。

表3.4 半導体光電変換デバイス

名　称	特　徴	特　性
フォトダイオード (PD： 　photo diode)	・pn接合，ショットキー接触に光を当てると，逆方向電流が流れる ・通常，逆方向バイアスで使用	暗／明　PD　SC
太陽電池 (SC： 　solar cell)	・光のエネルギーを電気エネルギーに変換 ・太陽光スペクトルに合わせる工夫（6.1.4項参照）	
発光ダイオード (LED：light 　emitting diode)	・高濃度のn型半導体と高濃度のp型半導体の接合 ・順方向バイアス時のキャリヤの再結合による発光 ・バンドギャップによる発光色制御（可視光，赤外光，紫外光）	
半導体レーザ	・位相のそろった光（コヒーレント光）を取り出す工夫 ・屈折率による光の閉込め ・半導体内で光を多重反射させる	

多くの半導体発光デバイスは，基本的にpn接合ダイオードである。化合物半導体のバンドギャップの違いを有効に活用し，可視光全域の発光が可能になった。半導体レーザは，CD（compact disc）やDVD（digital versatile disc）の書込み，読出しに用いられる。レーザ波長が短いほど，高密度の情報が取扱い可能となる。ブルーレイディスクで長時間録画が可能なのはそのためである。

3.1.6 ルミネセンス

半導体にバンドギャップ以上のエネルギーを与えると，価電子帯の電子が伝導帯に励起される。励起された電子が，さまざまな過程を経て再結合する際にエネルギーを光の形で放出する現象を**ルミネセンス**（luminescence）と呼ぶ。励起を光照射で行った場合のルミネセンスを**フォトルミネセンス**，励起が電子線照射による場合を**カソードルミネセンス**，電流通電による場合を**エレクトロルミネセンス**，化学変化によるエネルギーの場合を**化学ルミネセンス**と呼ぶ。

図 3.8 に，さまざまな再結合の過程を示す。(1)は，伝導帯から価電子帯への遷移であり，**バンド端発光**と呼ばれる。(2)は，伝導帯からアクセプター準位への遷移またはドナー準位から価電子帯への遷移であり，**帯－準位間発光**と呼ばれる。(3)は，ドナー準位 (D) からアクセプター準位 (A) への遷移であり，**D-A ペア発光**と呼ばれる。

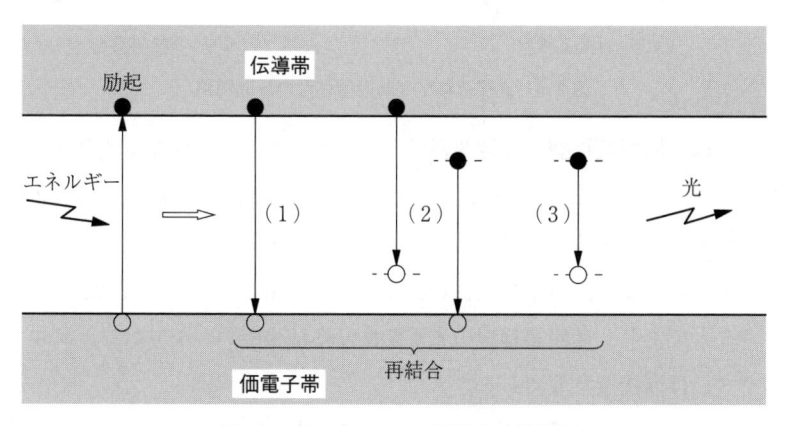

図 3.8 ルミネセンス（再結合の過程）

3.1.7 直接遷移と間接遷移

半導体の光学的性質を理解するためには，エネルギーだけではなく，結晶の運動量（結晶格子振動の波数 k に比例）を使って議論する必要がある。厳密なエネルギーバンド構造は，**シュレディンガーの波動方程式**から導かれ，エネルギー E と波数 k の関係で表される。このときのエネルギーと波数の関係を

一般に**分散関係**と呼び，直接遷移型と間接遷移型の2種類がある。

図3.9に，直接遷移型と間接遷移型の分散関係を示す。価電子帯では上に凸の形をしており，凸形の頂上に正孔が存在する。一方，伝導帯では下に凸の形をしており，凸形の底に電子が存在する。価電子帯の頂上E_Vと伝導帯の底E_Cとのエネルギー差がバンドギャップE_gであることは，これまでと同様である。

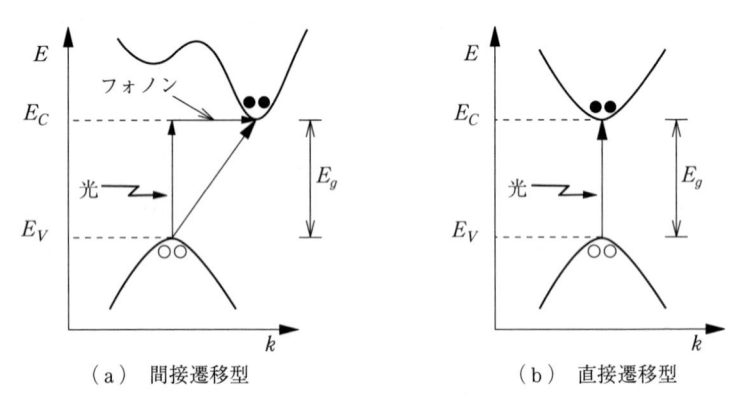

（a）間接遷移型　　　　　　（b）直接遷移型

図3.9 直接遷移型と間接遷移型の分散関係

図（a）は，**間接遷移型**の分散関係であり，電子と正孔は異なる波数kの位置に存在している。間接遷移型の場合は，電子の遷移に波数kの関与が必要である。波数が変化することは，結晶格子振動（**フォノン**）が変化することを意味している。つまり，電子の遷移が結晶格子との相互作用なしには起こらないということであり，間接遷移型の光電変換効率は小さい。シリコン，ゲルマニウムやSiCは間接遷移型である。

図（b）は，**直接遷移型**の分散関係であり，電子と正孔は同じ波数kの位置に存在している。直接遷移型の場合は，電子の遷移がフォノンの関与なしに起こる。GaAs，InPやGaNは直接遷移型であり，光電変換素子に適している。

3.1.8 ホール効果

ホール効果（Hall effect）は，磁界中で半導体に電流を流したときに，電流の方向と垂直に起電力が発生する効果である。ホール効果は，1879年にホール

(E. H. Hall) によって発見された。**図 3.10** にホール効果による起電力の発生の様子を示す。

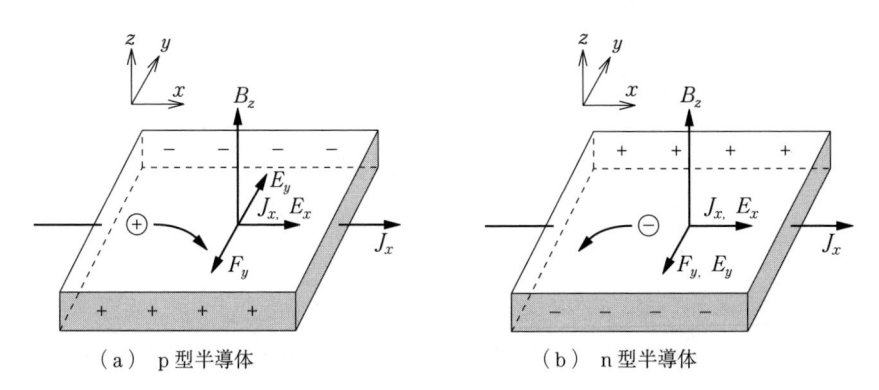

（a） p 型半導体　　　　　　　　**（b） n 型半導体**

図 3.10　ホール効果による起電力の発生の様子

磁界中を移動する荷電粒子に作用する力の方向は，電流の方向と磁界の方向で決まる。そのため，キャリヤが電子の場合と正孔の場合では，電流に垂直に発生する起電力の方向が逆になる。この起電力の方向を検出することにより，導電型が決定できる。以下では，ホール効果を定量的に扱う。

はじめに，磁界の印加がない場合を考える。図 3.10 において，電界 E_x によって x 方向に電流密度 J_x の電流が流れているとすると，式 (2.7) より，次式が得られる。

$$\sigma = \frac{1}{\rho} = \frac{J_x}{E_x} = nq\mu \tag{3.1}$$

したがって，単純な電流 – 電圧特性の測定では，キャリヤ密度 n と移動度 μ を同時に決定することはできない。

つぎに，z 方向に磁界 B_z を加えた場合を考える。キャリヤが x 方向に v_x の速さで移動している場合，次式で示すようにキャリヤには y 方向にローレンツ力 F_y が加わる。

$$F_y = -qv_x B_z \tag{3.2}$$

図（a）のように，キャリヤが正孔の場合は，F_y によって紙面の手前側に正孔

が移動する。この正孔の移動によって発生する電界 E_y による力 qE_y は，F_y と逆方向であり，二つの力がつり合った状態でキャリヤの移動が平衡に達する。このとき，y 方向に発生する電界は，式 (2.1) と (3.2) より，次式で表される。

$$E_y = -v_x B_z = -\frac{J_x}{nq}B_z = -R_H J_x B_z \tag{3.3}$$

ここで，R_H は**ホール定数**と呼ばれ，次式で表される。

$$R_H = -\frac{E_y}{J_x B_z} \tag{3.4}$$

式 (3.4) において，E_y，J_x および B_z は実測可能であり，ホール定数 R_H が求まる。ホール定数の値より，次式を用いて，キャリヤ密度 n と移動度 μ が求まる。

$$n = \frac{1}{q|R_H|} \tag{3.5}$$

$$\mu_H = |R_H|\sigma = \frac{|R_H|}{\rho} \tag{3.6}$$

ホール効果の測定によって求まる移動度 μ_H は**ホール移動度**（Hall mobility）と呼ばれる。

一方，図（b）のように，キャリヤが電子の場合は，F_y によって紙面の手前側に電子が移動する。電子の移動によって発生する電界 E_y の方向は，正孔の場合とは逆に F_y と同方向であるが，電界 E_y によって電子に働く力 $-qE_y$ は，やはりローレンツ力とは逆方向である。したがって，式 (3.5) および (3.6) は，n 型半導体でも成立する（この場合，R_H の符号は正である）。

3.2 各種の半導体材料

3.2.1 半導体の物性値

表 3.5 に主要半導体の物性値を示す。光電変換デバイスにとっては，直接遷移型であることが有利に働く。高速デバイスを実現するためには，**電子移動

表 3.5　主要半導体の物性値

主要半導体		Si	GaAs	InP	3C-SiC	6H-SiC	4H-SiC	GaN	C
バンドギャップ	E_g [eV]	1.1	1.4	1.3	2.2	3	3.26	3.39	5.45
バンドタイプ	—	間接	直接	直接	間接	間接	間接	直接	間接
比誘電率	ε	11.8	12.8	12.4	9.6	9.7	10	9	5.5
電子移動度	μ_n [cm²/V·s]	1 350	8 500	5 400	900	370	720	900	1 900
絶縁破壊電界	E_b [MV/cm]	0.3	0.4	0.5	1.2	2.4	2.8	3.3	5.6
電子飽和速度	v_{sat} [km/s]	100	200	250	200	200	200	250	270
熱伝導度	κ [W/cm·K]	1.5	0.5	0.7	4.5	4.5	4.5	1.3	20.9

度や**電子飽和速度**が大きいことが重要である．パワーデバイスにとって最も重要な物性は，**絶縁破壊電界**である．SiC や GaN は，シリコンの 7〜10 倍も高い絶縁破壊電界値を有している．また，動作時の発熱の抑制を考えると，**熱伝導度**が大きいほうが有利である．

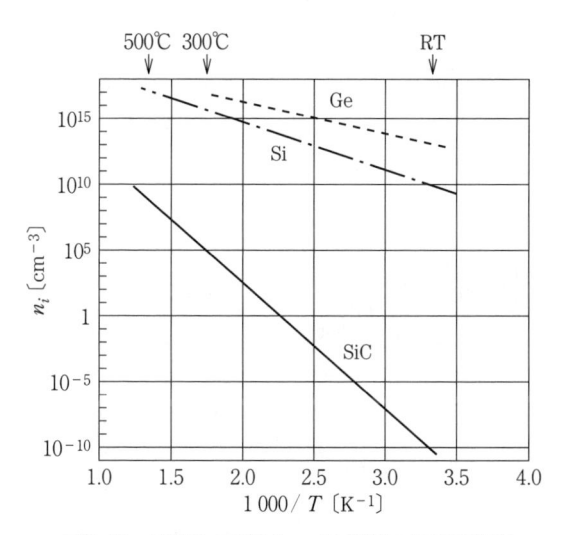

図 3.11　半導体の真性キャリヤ密度の温度依存性

図 3.11 は，ゲルマニウム，シリコンおよび SiC の**真性キャリヤ密度**の温度依存性である。温度が上がると真性キャリヤ密度が増加するが，バンドギャップが大きいほど密度の絶対値は小さい。ゲルマニウムでは 100℃，シリコンでは 200℃ を超えると，真性キャリヤ密度とドーパント濃度が同程度になってしまう。つまり，もはや半導体として利用できないということである。

一方，SiC では，500℃ 程度でも，真性キャリヤ密度は，シリコンの室温(RT) 程度の値を保っている。したがって，半導体デバイスとして想定される広い使用温度範囲において，半導体として動作するということである。

3.2.2 バンドギャップ制御

代表的な半導体の格子定数とバンドギャップの関係を**図 3.12** に示す。一般的な傾向としては，格子定数が小さい半導体ほどバンドギャップが大きい。格子定数は結晶における原子間の距離に関係している。一般的に，周期表 (1.1.4 項参照) において上側に位置する元素ほど原子半径が小さい。したがって，原子番号の小さい窒素や炭素を含む化合物半導体のバンドギャップは大きくなる。ダイヤモンド，AlN，ZnS，SiC や GaN などの**ワイドギャップ半導体**は，

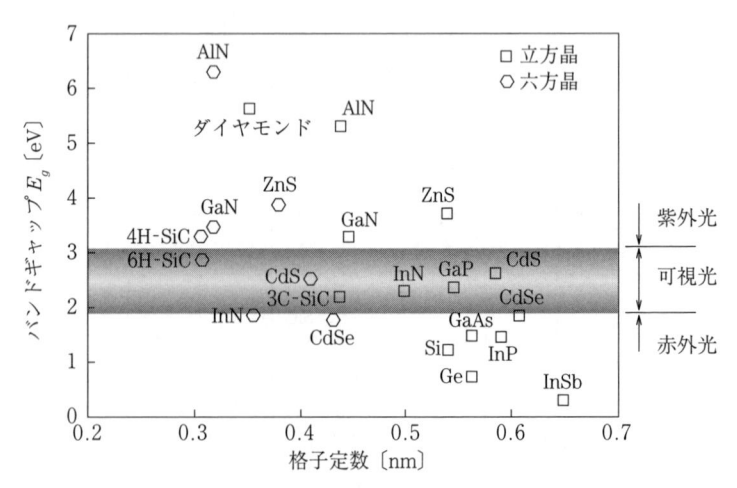

図 3.12 代表的な半導体の格子定数とバンドギャップの関係

バンドギャップは，半導体における光吸収あるいは発光と密接に関わっている。図中に，バンドギャップと光の波長域の関係を示す。光の波長とエネルギーは反比例の関係にある。図が示すように，可視光の吸収/発光デバイスには，GaP, SiC, GaN などが用いられている。なお，吸収/発光波長は，ある程度は不純物をドーピングして調整可能である。一方，シリコンは光用途としては長波長の赤外領域となり，家電のリモコンなどに用いられている。

化合物半導体においては，混晶によりバンドギャップを連続的に変化させることが可能である。図 3.13 に示す各半導体を結ぶ線は，混晶の格子定数とバンドギャップを示している。例えば，GaAs と InAs の混晶 $Ga_xIn_{1-x}As$ では，バンドギャップは 0.33〜1.43 eV まで変化し，すべて直接遷移型である。また，GaAs と AlAs の混晶 $Ga_xAl_{1-x}As$ では，バンドギャップは 1.43〜2.2 eV まで変化し，直接遷移型から間接遷移型に変化する。

文字どおりバンドギャップの大きい半導体である。

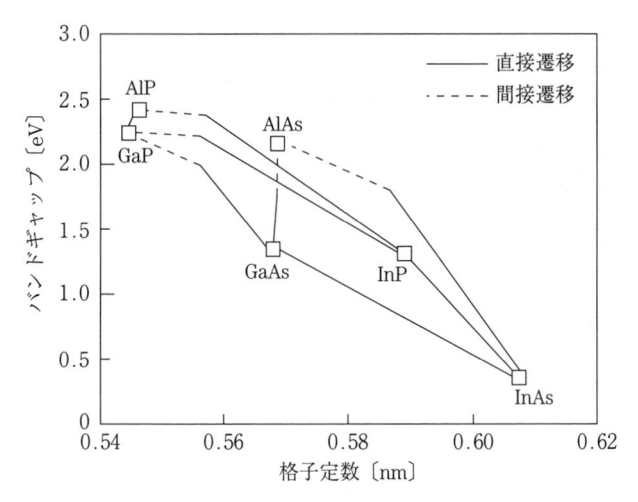

図 3.13 組成によるバンドギャップの制御

3.3 半導体ウェーハ製造技術

3.3.1 CZ法による単結晶シリコン育成

図3.14に，単結晶シリコンの原料となる**多結晶シリコン**の製造工程を示す。シリコンの原料となるSiO_2は，地表に無尽蔵に存在する。高純度の硅石（主成分はSiO_2）を溶かし，炭素で還元して97～98％の金属級シリコンを製造する。この金属級シリコンを塩化水素（HCl）と反応させると，液体のトリクロルシラン（$SiHCl_3$）が生成される。これを蒸留精製後，高純度の水素と反応させると高純度多結晶シリコン（半導体級シリコン）が得られる。通常，高純度多結晶シリコンは**CVD**（<u>c</u>hemical <u>v</u>apor <u>d</u>eposition）**法**により，円柱状に製造される。この多結晶シリコンの純度は，99.999 999 999％（**イレブンナイン**）程度である。シリコンの製造プロセス中では，この時点が最も高純度である。この多結晶シリコンを用いて，単結晶シリコンが製造される。

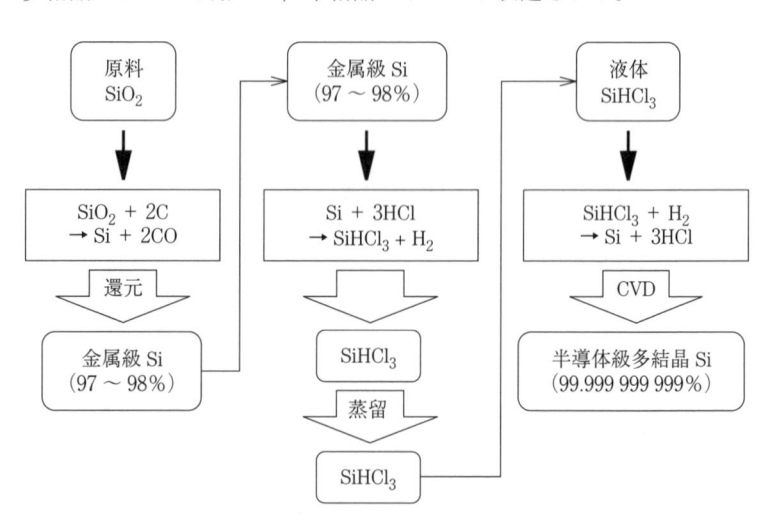

図3.14 多結晶シリコンの製造工程

現在最も一般的に用いられている**単結晶シリコン**の育成方法は，**CZ**（<u>C</u>zochralski，チョクラルスキー）**法**である。**図3.15**にCZ法によるシリコン

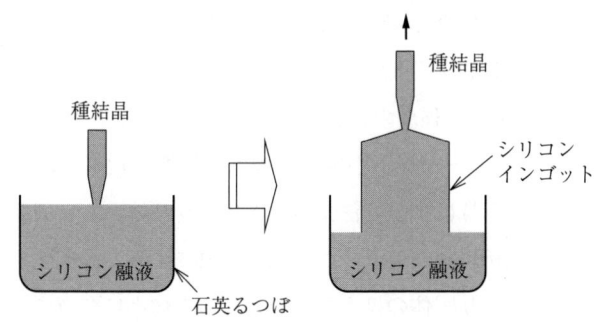

図 3.15 CZ 法による単結晶シリコン育成法の模式図

単結晶育成法の模式図を示す．CZ 法では，破砕した高純度多結晶シリコンと p 型または n 型のドーパント不純物を高純度の**石英るつぼ**に入れ，1 500℃ 程度に加熱してシリコン融液とする．その後，単結晶の**種結晶**を用いた引上げにより，単結晶シリコンを製造している．種結晶を用いることで，その結晶性を保持した円柱形のシリコンの**インゴット**が得られる（**口絵** p. 2, p. 3 参照）．

通常，種結晶のサイズは 4～6 mm 角程度であるが，種結晶がシリコン溶液と接触した瞬間に種結晶とシリコン融液との温度差による熱衝撃により，多量の結晶欠陥（転位）が発生する．この転位は，シリコン結晶の径を 3 mm 程度にしぼることにより外部に放出され，結晶を無転位化できる．この技術を**ダッシュネッキング**と呼ぶ．結晶の無転位化後，引上げ速度を調整して所望の結晶直径まで拡大し，円柱形のシリコンインゴットを製造する．

CZ 法では石英るつぼを用いているため，るつぼから溶け出した酸素が結晶に取り込まれる．シリコン融液に磁界を印加した **MCZ**（magnetic field applied CZ）**法**により，結晶への酸素の取込みを抑制できる．磁界中を導体が移動すると，フレミングの右手の法則に従って起電力が発生する．この起電力による電流と磁界の相互作用により，フレミングの左手の法則に従った電磁気力がシリコン融液に働き対流の抑制が可能である．結果として，酸素の含有率を 10 ppm 以下に下げることができる．

現在，CZ 法で製造される最大のウェーハの直径は 300 mm であり，次世代

シリコン結晶として直径450 mmが検討されている。また，最大の長さは，最初に石英るつぼに投入可能な多結晶シリコンの量で決まる。数百kgの多結晶シリコンから1〜2m程度の長さのシリコンインゴットが製造されている。

CZ法におけるドーパント不純物濃度は，最初に投入された不純物の固体シリコンへの取込み量によって決まる。液体のシリコンから固体のシリコンを製造する際には**偏析現象**が伴う。この偏析現象により，固体化する際の不純物の取込み量が液体より固体のほうが少ないため，徐々に融液の不純物濃度が濃くなる。そのため，シリコン結晶に取り込まれるドーパント不純物の量が徐々に濃くなってしまう。このためCZ法で製造したシリコン結晶では，インゴットの上部と下部で抵抗率が異なるという現象が発生する。

3.3.2　FZ法による単結晶シリコン育成

FZ（f̲loating z̲one）**法**では，原料として円柱状の高純度多結晶シリコンをそのまま用いる。**図3.16**に示すように，加熱には高周波誘導コイルを用い，多結晶シリコンの先端部分のみ融液化する。CZ法と同様に種結晶を用い，無転

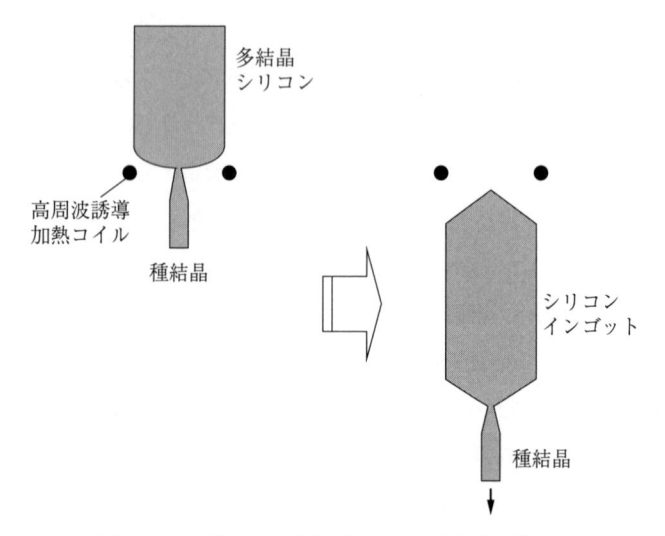

図3.16　FZ法による単結晶シリコン育成法の模式図

位化後に所望の径のシリコンインゴットを製造する。CZ法が引上げで結晶を育成するのに対し，FZ法では引下げで結晶を育成する。FZ法では石英るつぼを用いないため，きわめて低酸素濃度のシリコン結晶が育成可能である。ただし，CZ法と比較して製造が難しく，高コストであるため，高周波やパワーデバイスなどの特殊な用途のみに使用されている。

FZ法で製造した結晶のドーパント不純物量の調整は，**中性子照射**（**NTD**：neutron transmutation doping）**法**または連続した**ガスドープ法**により行うため，ドーパント濃度の縦方向の制御性は良好である。地球上には，質量数30のシリコン原子 ^{30}Si が3％程度存在する。この存在比率は地球上どこでも同一である。この ^{30}Si に中性子を照射すると，γ崩壊して ^{31}Si に変化する。^{31}Si はβ崩壊して，半減期2.6時間で ^{31}P に変化する。こうして，n型の不純物制御が可能である。この中性子照射による不純物制御はブロック状態で行い，ウェーハ面内均一性が良好であるが，n型の不純物制御しかできない。また，中性子照射のための放射線設備が必要であり，現状世界で数か所でしか処理できない。そのため，供給体制が安定していない。

もう一つのドーピング法は，ガスドープ法である。ガスドープ法では，融液部に直接ドーピングガスを吹き付けて行う。ドーピングガスとして，ジボラン（B_2H_2）やホスフィン（PH_3）を用いることにより，p型，n型両方の不純物制御が可能である。現在，ガスドープ法による不純物濃度のウェーハ面内均一性は，中性子照射法と比較して劣るものの，放射線設備が必要なく納期が安定しており，今後の技術向上が期待できるため，ガスドープ法によるFZ結晶の比率が増えてきている。

3.3.3 化合物半導体単結晶育成

リンやヒ素など蒸気圧の高い，したがって蒸発しやすい元素を含む化合物半導体結晶を引上げ法で育成する場合は，液体封止による **LEC**（liquid encapsulated CZ）**法**が用いられる。GaAsやGaPなどの単結晶育成には，このLEC法が適用されている。

現在実用化されている SiC 単結晶の育成は，**図 3.17** に示す**昇華法**が主である。**昇華**とは，固体から液体を経ずに気体になる，逆に気体から固体になることである。昇華法では，ウェーハ状の種結晶を用いており，融液から結晶を育成するシリコンと比較して，大直径化が困難である。また，種結晶の結晶性がインゴットに継承されるため，結晶欠陥の低減が難しい。

図 3.17 昇華法による SiC 単結晶の育成

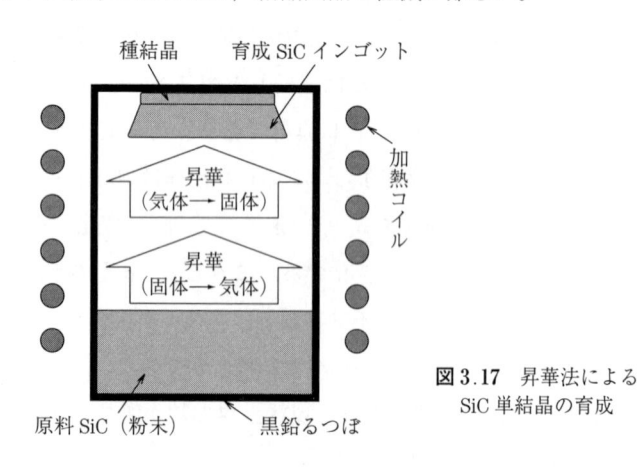

表 3.6 GaN 自立基板の製造法と特徴・課題

製　法	概　要	特徴・課題
HVPE（<u>h</u>ydride <u>v</u>apor <u>p</u>hase <u>e</u>pitaxy）法	・Cl ガスと金属 Ga を高温で反応 ・サファイア，シリコンなどの基板上に成長 ・温度：1 000℃ ・気圧：1 気圧	・GaN 基板製造の主流技術 ・多数枚の成長が困難 ・厚膜の成長が困難 　→大量生産に不向き
高温高圧合成法	・Ga 融液に窒素を溶解し，液中で GaN 単結晶を成長 ・温度：1 400～1 500℃ ・気圧：10 000 気圧以上	・低転位密度を実現
Na フラックス法	・Ga-Na 混合融液に窒素を溶解させ，GaN 単結晶を成長 ・温度：500～800℃ ・気圧：50～100 気圧	・高品質 ・低コストが期待できる
アモノサーマル法	・超臨界状態のアンモニアに GaN を溶解させ，GaN 単結晶を成長 ・温度：300～500℃ ・気圧：1 000～3 000 気圧	・高品質 ・原理的に大型化可能 　→複数枚の成長が可能

表3.6に，検討中の技術を含めたGaN基板の製造法と特徴・課題を示す。GaNそのものの基板ということで，**自立基板**と呼ばれる。現在唯一実用化されているのは，**HVPE** (hydride vapor phase epitaxy) **法**である。HVPE法では，ガリウムと塩素ガスを反応させ，さらにアンモニアガスとの反応により，GaNを成長させる。Na（ナトリウム）フラックス法とアモノサーマル法は，比較的低温，低圧で製造可能である。生産性が上がり，低コスト化の可能性があり，複数の機関で検討されている。**Naフラックス法**では，Ga溶液中にNaを溶かすことにより，窒素が溶け込みやすくなる。**アモノサーマル法**では，**超臨界アンモニア**が用いられている。**超臨界状態**は，非常に活性で反応性に富んだ状態である（1.1.8項参照）。

3.3.4 ウェーハ加工

一般的に，半導体デバイスは円板状に加工された"ウェーハ"を用いて製造される。そのため，育成された半導体結晶インゴットをウェーハ形状に加工する。**表3.7**に，シリコンウェーハの加工プロセスを示す。最初に育成したシリコンインゴットの上下の円錐形状部分を除去し，外形研削により直径を合わせ，ウェーハ面内の結晶方位を示すための方位加工を施す。その後，扱いやすいブロックに切断する。ブロック加工後，ウェーハ状にスライスする。内側にダイヤモンド粒を固着させた**内周刃**による**スライシング**は，150 mm以下の直径のウェーハに適用されている。200 mm以上の直径のウェーハは，**マルチワイヤーソー**でスライスされている。

面取り加工後，**ラッピング**と呼ばれる機械的な平坦加工を施す。ウェーハは，この時点で最も平坦な状態になる。その後，酸またはアルカリ溶液にて機械的なダメージの除去を行う。直径200 mm以下のウェーハでは，このエッチング面が出荷時の裏面の状態である。酸とアルカリでは面状態が異なるので，注意が必要である。直径300 mmウェーハからは，高平坦面を実現するため表裏両面の鏡面処理が標準仕様である。

最終的なウェーハ表面は鏡面（ミラー面）仕上げである。鏡面状態は，化学

表3.7 シリコンウェーハの加工プロセス

加工工程	工程概要	模式図
結晶切断 外形研削 方位加工	・直胴部以外を除去 ・直径の合わせこみ ・ノッチ, オリフラ加工 ・ブロックに切断	
ウェーハ切断 (スライシング)	・ウェーハ状に切断 　≦150 mm：内周刃 　≧200 mm：マルチワイヤーソー	
面取り (ベベリング)	・面取り加工	
機械的研磨 (ラッピング)	・機械的な平坦加工 ・ウェーハはフリーの状態 ・数十枚のバッチ処理	
エッチング	・機械的なダメージの除去 ・酸またはアルカリ溶液中での処理	
鏡面加工 (ポリッシング)	・化学的機械的研磨 ・ウェーハはセラミック板あるいはガラス板などに固定 ・2から3段の処理	
検査 梱包	・平坦度, 抵抗率, 異物などの検査 ・クリーンな環境での梱包 ・窒素封じ	

的機械的研磨である **CMP**（chemical mechanical polishing）で実現される。**鏡面加工**は**ポリッシング**と呼ばれることが多い。ウェーハ表面のCMPは, 通常2段階ないし3段階で実施され, 後段のCMPほど化学的研磨の割合が高い。この状態が出荷時の表面状態であり, デバイスの微細パターン形成に直結するため, 最も重要なプロセスである。最後に, 表面異物（パーティクル）, 平坦度（フラットネス）, および抵抗率などの検査を行い, クリーンな環境で梱包されて出荷される。

3.3.5 エピタキシャル成長

シリコンの**エピタキシャルウェーハ**は，CZ ウェーハ上に，CVD により CZ 結晶と同じ結晶方位の結晶成長を行ったウェーハである。エピタキシャルの語源は，"配置された"を意味するギリシャ語である。エピタキシャル成長ではドーパント不純物は連続したガス供給により行っており，ドーパント濃度の制御性は良好である。

表 3.8 に，各種のシリコンエピタキシャル成長装置を示す。**ベルジャー炉**および**シリンダ炉**は，125〜150 mm の小直径ウェーハに対して用いられる。これらの装置では，20 枚程度のウェーハの装填が可能であり，スループットが高い。**ミニバッチ炉**および**枚葉炉**は，一部の 150 mm ウェーハと 200〜300 mm の大直径ウェーハに対して用いられる。これらの装置は，スループットは劣るが，エピタキシャル層の抵抗率および厚さの均一性や不純物含有量などのウェーハ品質は非常に良好である。

表 3.8 シリコンエピタキシャル成長装置

◯ ウェーハ　➡ ガス流

形式	ベルジャー炉(縦型)	シリンダ炉	ミニバッチ炉	枚葉炉
構造				
加熱	高周波誘導	赤外ランプ 高周波誘導	赤外ランプ 抵抗加熱	赤外ランプ 抵抗加熱
適用	150 mm 以下	150 mm 以下	150〜200 mm	150〜300 mm
長所	・構造簡単，保守容易 ・スループット良好	・膜厚，抵抗率均一性有 ・転位発生少ない ・スループット良好	・全自動可，量産化志向 ・膜厚，抵抗率の均一性良好 ・転位発生少	・全自動 ・品質最良
短所	・パーティクル多い（大気暴露） ・転位多い（温度分布大）	・構造複雑，保守困難 ・パーティクル多い（大気暴露）	・枚葉炉と比較すると品質劣る	・スループット低い ・装置が高価

エピタキシャルウェーハは，工程数が増加するため高価である。そのため，特に高性能デバイス用に用いられる。

シリコン MOS 型集積回路の一種であるイメージセンサでは，シリコンウェーハの抵抗率の面内不均一性（**ストリエーション**と呼ばれる）が画像の不均一となって現れる。そのため，イメージセンサ用のウェーハとして，抵抗率の面内均一性の良好なエピタキシャルウェーハが広く用いられている。イメージセンサ用のエピタキシャルウェーハでは，光電変換をエピタキシャル層で行うため，長波長の光（赤色光）を確実に吸収するため，最低 10 μm 程度の厚さのエピタキシャル層が必要である。

シリコンバイポーラ型集積回路においては，トランジスタのコレクタ抵抗を下げるため，低抵抗層を埋め込んだエピタキシャルウェーハ（**埋込み拡散エピタキシャルウェーハ**と呼ばれる）にデバイスを形成している。

3.3.6 MBE 法／MOCVD 法

化合物半導体では，デバイス構造に**ヘテロ接合**がよく用いられる。ヘテロ接合の形成では，異なる半導体上への原子レベルで制御された結晶成長が要求される。それを実現するための技術として，**分子線エピタキシー**（**MBE**：

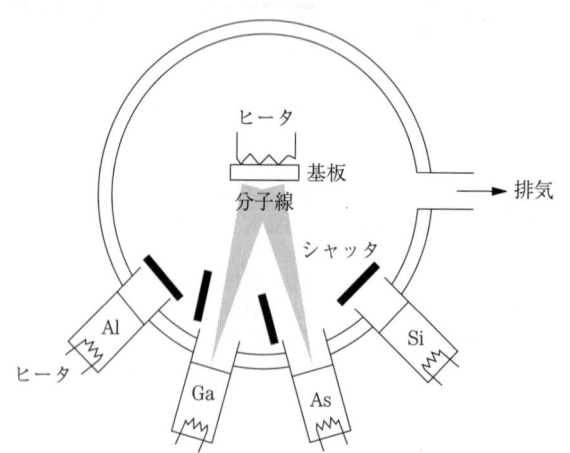

図 3.18 MBE 装置

molecular beam epitaxy）法あるいは**有機金属 CVD**（**MOCVD**：metal organic CVD）法が用いられる。

図 3.18 に，**MBE 装置**を模式的に示す。装置内は，10^{-9} Pa 程度の高真空に保たれている。複数の原料源に熱あるいは電子線によりエネルギーを与えることにより原料源を気化させて飛ばし，基板上に堆積させる。シャッターの開閉により，所望の半導体層を成長させる。

図 3.19 に **MOCVD 装置**の構成を示す。原料には**有機金属**を用いる。例えば，Ga 源にはトリメチルガリウム Ga$(CH_3)_3$，Al 源にはトリメチルアルミニウム（Al$(CH_3)_3$）を用いる。

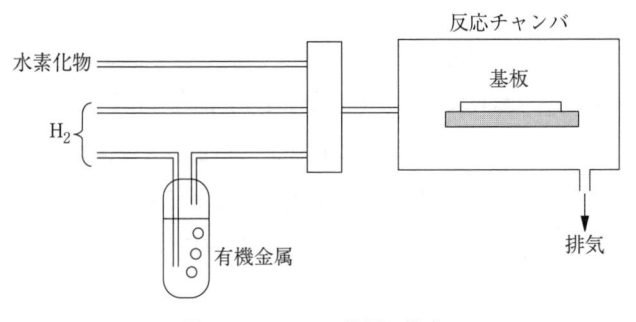

図 3.19　MOCVD 装置の構成

3.3.7　ウェーハ貼合せ

シリコン基板上に，0.1〜10 μm の酸化膜と 0.01〜100 μm のシリコン層を形成したウェーハを **SOI**（silicon on insulator）**ウェーハ**と呼ぶ。通常，埋込み酸化層を **BOX**（buried oxide）層，シリコン層を **SOI 層**と呼ぶ。図 3.20 に，SOI ウェーハが適用されるデバイスと，それぞれのデバイスにおける BOX 層と SOI 層の厚さを示す。高性能先端 CMOS デバイスには，BOX 層および SOI 層ともに薄い SOI ウェーハが用いられる。逆に，高耐圧デバイスには，BOX 層および SOI 層ともに厚い SOI ウェーハが用いられる。

BOX 層および SOI 層ともに厚い SOI ウェーハは，貼合せと研磨による SOI ウェーハが用いられる。通常 3 μm 以上の熱酸化膜の形成は難しい。そのため，

図 3.20 SOI ウェーハ

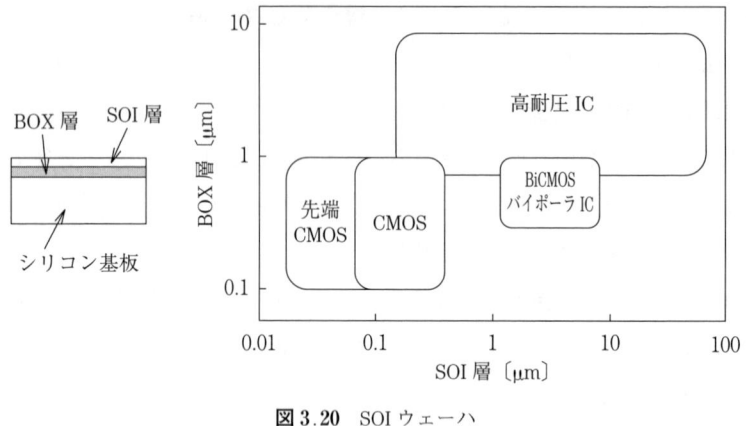

厚いBOX層を有するSOIウェーハの製造には，ともに厚い酸化膜を有するウェーハの酸化膜 - 酸化膜の貼合せを用いる場合もある。

BOX層およびSOI層ともに薄いSOIウェーハとしては**スマートカット法**が用いられている。スマートカット法では，水素の高エネルギー注入を行ったウェーハの貼合せと水素注入部での剥離によりSOIウェーハを製造している。

3.3.8 デバイスプロセス用材料

表3.9に，シリコンデバイス製造に用いられる元素を示す。従来から用いられてきた元素には，p型ドーパント不純物であるホウ素およびn型ドーパント不純物であるリン，ヒ素，アンチモンがある。また，酸化膜形成用として酸素が用いられ，酸化過程で水素，塩素などが用いられている。配線用の元素としては，古くからアルミニウムが用いられてきた。デバイスの微細化に伴い，タングステンや銅などが用いられるようになった。

それらに加え，パワーデバイスに特有の元素としては，ライフタイム制御用として，金，白金，ヘリウムなどが，裏面メタライズ用の金属として，ニッケル，チタン，モリブデン，バナジウムなどが使用されている[†]。

[†] 以前は，シリコン集積回路にも適用されていた。

3.3 半導体ウェーハ製造技術

表 3.9 シリコンデバイス製造に用いられる元素

	1	2	3	4	5	6	7	8	9	10	11	12	13	14	15	16	17	18	
1	H																	He	1
2	Li	Be											B	C	N	O	F	Ne	2
3	Na	Mg											Al	Si	P	S	Cl	Ar	3
4	K	Ca	Sc	Ti	V	Cr	Mn	Fe	Co	Ni	Cu	Zn	Ga	Ge	As	Se	Br	Kr	4
5	Rb	Sr	Y	Zr	Nb	Mo	Tc	Ru	Rh	Pd	Ag	Cd	In	Sn	Sb	Te	I	Xe	5
6	Cs	Ba	57~71	Hf	Ta	W	Re	Os	Ir	Pt	Au	Hg	Tl	Pb	Bi	Po	At	Rn	6
7	Fr	Ra	89~103	Rf	Db	Sg	Bh	Hs	Mt										7

57~71	La	Ce	Pr	Nd	Pm	Sm	Eu	Gd	Tb	Dy	Ho	Er	Tm	Yb	Lu
89~103	Ac	Th	Pa	U	Np	Pu	Am	Cm	Bk	Cf	Es	Fm	Md	No	Lr

　■：従来のシリコンウェーハプロセスに用いられている元素
　■：従来からパワーデバイスで用いられている元素
　■：先端 MOS 型集積回路に導入されだした，または検討されている元素

一方，先端 LSI には，ソース / ドレーンの低抵抗化のためのシリサイド（シリコン化合物）形成用として，チタン，ニッケル，コバルトなどが使用されている。さらに，さまざまなメモリーデバイスが検討されており，それらを実現するため，強誘電体膜，磁性材料などにさまざまな新材料の導入が検討されている。強誘電体膜用の材料として，タンタル，ジルコニウム，ハフニウム，ストロンチウム，イットリウムなどが検討されている。磁性半導体用の材料として，マグネシウムやマンガンなどが検討されている。新しい電極材料として，ルテニウムや白金が検討されている。

3. 半導体材料

> **コーヒーブレーク**
>
> ### 半導体技術とノーベル賞
>
> 　半導体に関連した技術の研究，開発でのノーベル賞受賞を**表**に示す．1956年には，ブラッテン（W. Brattain），バーディーン（J. Bardeen），ショックレー（W. Shockley）の3名が，「半導体の研究およびトランジスタ効果の発見」によりノーベル物理学賞を受賞した．彼らは，ゲルマニウムを用いた点接触トランジスタを発明して，真空管から半導体の時代へと導いたといえる．
>
> **表　半導体技術とノーベル賞**
>
> | 受賞者 | 賞 | 受賞理由 | 受賞年 |
> |---|---|---|---|
> | W. ブラッテン
J. バーディーン
W. ショックレー | 物理学 | 点接触型トランジスタの発明および改良 | 1956 |
> | 江崎玲於奈 | 物理学 | 半導体におけるトンネル現象の実験的発見 | 1973 |
> | J. キルビー | 物理学 | 集積回路の発明への貢献 | 2000 |
> | 白川英樹 | 化　学 | 導電性ポリマーの発見と開発 | 2000 |
>
> 　1973年には，江崎玲於奈が，「半導体内および超伝導体内のおのおのにおけるトンネル効果の実験的発見」で，ノーベル物理学賞を受賞した．江崎は，高濃度にドーピングしたpn接合ダイオードで，トンネル効果に起因した負性抵抗現象を発見した．このデバイスは，**エサキダイオード**あるいは**トンネルダイオード**と呼ばれる．
>
> 　2000年には，キルビー（J. Kilby）が，「情報通信技術における基礎研究（集積回路の発明）」で，ノーベル物理学賞を受賞した．キルビーの考案は集積回路の基本となるもので，トランジスタなどの能動デバイスと抵抗などの受動デバイスを1チップ内に多数形成するというものである．"**キルビー特許**"に日本の半導体産業は大いに苦しめられた．
>
> 　同じ2000年に，白川英樹が，「導電性高分子の発見と開発」で，ノーベル化学賞を受賞した．白川は，**導電性プラスチック**（高分子半導体）であるポリアセチレンを発見した．導電性プラスチックは透明電極として用いられる．

4 誘電/絶縁材料

4.1 誘電材料の基礎

4.1.1 誘電材料の巨視的性質

図 4.1(a)のように，2枚の平板電極を間隔 d で平行に配置する。それにより形成される真空の電極間に電圧 V を印加すると，両電極には単位面積当り $\pm\sigma$ の電荷が蓄積され，この電荷により電極間に電界 $E=V/d$ が形成される。電極間に誘電体を入れると，図(b)のように誘電体内表面に $\pm P$ の**分極電荷**(polarization charge)が現れ，電極の電荷は $\pm\sigma'$ に変わり，$\pm(\sigma'-P)$ によって真空中と同じように E，V が保たれる。

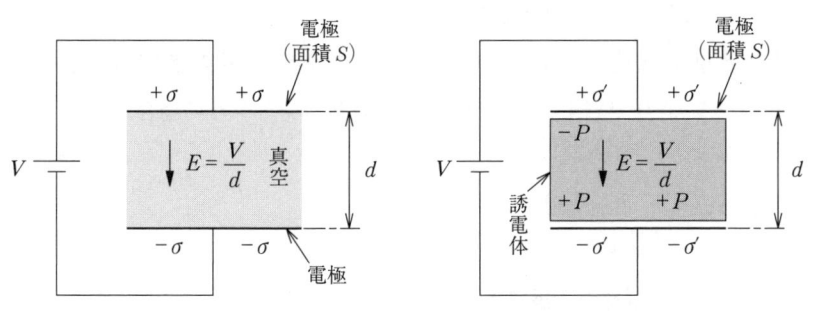

(a) 誘電体がない場合（真空）　　　(b) 誘電体がある場合

図 4.1 誘電体の有無によるコンデンサの電荷

すなわち，両図を比較すると

$$\sigma = \sigma' - P \tag{4.1}$$

また，σ と σ' はこの電極系をコンデンサと見たときの静電容量に関係し，真空の場合の静電容量を C_0，誘電体の場合の静電容量を C とすると

$$\sigma S = C_0 V \tag{4.2}$$

$$\sigma' S = CV \tag{4.3}$$

ここで，S は電極の面積である。上式より

$$\frac{\sigma'}{\sigma} = \frac{C}{C_0} = \varepsilon_r \tag{4.4}$$

C/C_0 すなわち同じ電圧を印加したときに同形の誘電体コンデンサと真空コンデンサに蓄えられる電荷の比 $\sigma'/\sigma = \varepsilon_r$ を，その誘電体の**比誘電率**（relative dielectric constant）という。このとき，C_0 は**幾何容量**（geometric capacity）ともいわれる。また，真空コンデンサの場合を考えると，ガウスの定理より

$$E = \frac{\sigma}{\varepsilon_0} \tag{4.5}$$

ここで，ε_0 は**真空の誘電率**（dielectric constant）である。

分極電荷 P は，式 (4.1)，式 (4.4)，式 (4.5) より，巨視的な測定可能量である外部印加電界 E，ε_0，ε_r を用いて

$$P = \varepsilon_0(\varepsilon_r - 1)E = \chi_e E \tag{4.6}$$

となる。このとき，χ_e を**電気感受率**という。

電束は単位電荷より1本でており，その密度を**電束密度**（electric flux density）といい D で表す。したがって，誘電体コンデンサの場合

$$D = \sigma' \tag{4.7}$$

上式を式 (4.5) と合わせて

$$D = \varepsilon_0 \varepsilon_r E = \varepsilon E \tag{4.8}$$

ここで，$\varepsilon = \varepsilon_0 \varepsilon_r$ は**材料の誘電率**である。

$\sigma' S$ は，電極面積 S のコンデンサに蓄えられる電荷であり，これはコンデンサに印加される電圧 V と静電容量 C の積に等しい。電極間距離を d，電界を E とすると，$\sigma' S = DS = \varepsilon ES = CV$ となるので，コンデンサの容量 C は

$$C = \frac{\varepsilon ES}{V} = \frac{\varepsilon S}{d} \tag{4.9}$$

ここで，$V = Ed$ の関係を用いた。したがって，コンデンサの容量 C は誘電率

ε に比例する。

式 (4.6),式 (4.8) より

$$D = \varepsilon_0 E + P \tag{4.10}$$

つぎに,誘電体に交流電界 $\dot{E}$ を印加すると,分極の形成に時間を要するため,分極電荷 $\dot{P}$ は $\dot{E}$ より位相が遅れる。分極電荷 $\dot{P}$ と電束密度 $\dot{D}$ は,式 (4.6),式 (4.10) から次式の関係で結ばれる。

$$\dot{P} = \frac{\varepsilon_r - 1}{\varepsilon_r} \dot{D} \tag{4.11}$$

したがって,$\dot{D}$ にも位相遅れを生じることになる。交流電界の角周波数を ω,この位相遅れを δ とすると,交流時の印加電界 $\dot{E}$ と電束密度 $\dot{D}$ は

$$\dot{E} = E_0 e^{j\omega t}, \qquad \dot{D} = D_0 e^{j(\omega t - \delta)} \tag{4.12}$$

となる。そこに,直流電界時の式 (4.8) と同様に,交流電界時においても誘電率 $\dot{\varepsilon}^*$ を次式のように定義することができる。

$$\dot{\varepsilon}^* = \frac{\dot{D}}{\dot{E}} = \frac{D_0}{E_0} e^{j\delta} = \frac{D_0}{E_0} \cos\delta - j\frac{D_0}{E_0} \sin\delta \tag{4.13}$$

このとき,上式の実部と虚部をそれぞれ ε',ε'' として

$$\dot{\varepsilon}^* = \varepsilon' - j\varepsilon'' \tag{4.14}$$

この $\dot{\varepsilon}^*$ を**複素誘電率** (complex dielectric constant) という。

4.1.2 誘 電 分 極

物質中では,陽子(原子核)や電子,イオンなど,多くの電荷を持つ要素が存在する。これらの電荷は平衡状態では正電荷と負電荷がたがいに打ち消し合う配置になるために,外部からは電気的な偏りは観測されない。しかし,電界中に物質を置くと,物質を構成する要素のうち正電荷を持つ原子核や正イオン,負電荷を持つ電子や負イオンは元の位置からわずかに変位して止まる。わずかな変位となるのは,通常,外部印加電界に比べ原子間の結合力のほうがはるかに強いからである。このようなわずかな変位によって,物質内に多数の微小な**電気双極子** (electric dipole) が発生する。

4. 誘電/絶縁材料

電気双極子は電界に対して同じ方向に並ぶために，物質の内部では正電荷と負電荷がつり合う形になるが，図4.2に示すように正側の電極表面と負側の電極表面とに，分極電荷と呼ばれる負電荷および正電荷が現れる。この現象が**誘電分極**（dielectric polarization）であり，誘電分極の単位は**双極子モーメント**（dipole moment）と呼ばれる。

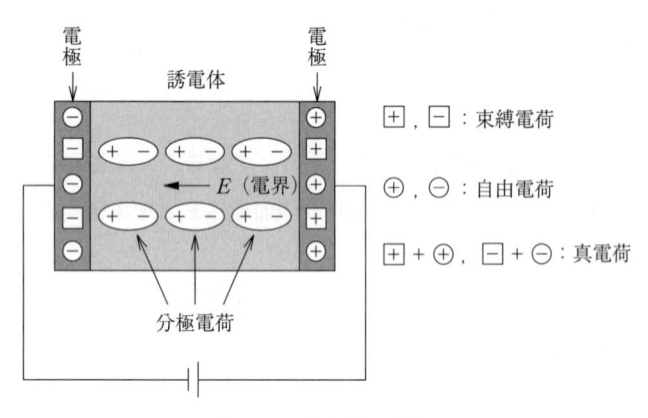

図 4.2 誘電分極の様子

この分極電荷を打ち消すため，電極へはそれと同量で逆の極性を持つ電荷（束縛電荷）が電源から供給される。電源からは分極電荷によらない電荷（自由電荷）も供給されるので，電極間には束縛電荷と自由電荷の和（**真電荷**）が存在することになり，誘電体が存在しない場合に比べ，電極間により多くの電荷が蓄えられる。分極電荷の量は誘電体の材料により大きく異なるが，分極電荷の多少を表す量として比誘電率 ε_r がおもに用いられる。この比誘電率は，真空中に比べ ε_r 倍の電荷を蓄えることができることを表している。

分極電荷 P は，その原因となる原子・分子の数を N，印加電界を E とすれば，一般に

$$P = N\alpha E = N\mu \tag{4.15}$$

と表される。ここで，α は分極率，$\mu\,(=\alpha E)$ は双極子モーメントである。

誘電分極には，外部電界が存在するときだけ現れる**誘起電気分極**と，外部電界が存在しなくても現れる**自発分極**とに分けられる。このとき，誘起電気分極

のみ有する物質を**常誘電体**または単に**誘電体**，自発分極を有する物質を**強誘電体**と呼ぶ。強誘電体での自発分極は，外部電界の有無と関係なくその物質中の正負のイオンの中心がずれることで生じ，この分極により発生する双極子を**永久双極子**と呼ぶ。外部電界が印加されることで自発分極が変化するため，自発分極も誘電分極の範ちゅうに入る。原理的に，誘電分極は誘電材料に限らず導電材料や半導体材料の中でも起こりえる現象であるが，導電材料や半導体材料中では電流が流れるため分極が観察されない。そのため，通常は誘電分極が誘電体の特徴を示す性質として取り扱われる。

この誘電分極は，分極を生ずる原因の違いにより，つぎに述べる電子分極，イオン分極および双極子分極，空間電荷分極と界面分極に大別される。

〔1〕 **電 子 分 極**　　中性の原子は原子核中の正電荷と電子雲中の負電荷の中心が重なっているとみなすことができるが，**図 4.3** に示すように，外部電界が印加されると電子雲の中心が相対的に変位して双極子モーメントを生じる。これを**電子分極**（electronic polarization）と呼ぶ。

（a）電界がないとき　　（b）電界 E が加わったとき

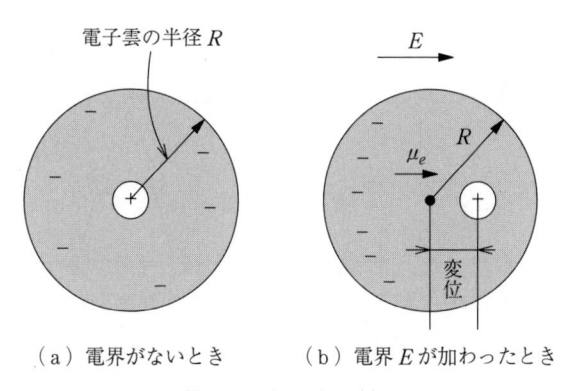

図 4.3　電子分極の様子

このとき，変位した電子雲の中心（負電荷）と原子核の中心（正電荷）との間でのクーロン力に伴う引力と，電界が電荷に及ぼす力とのつり合いから，電子分極の**分極率** α_e は

$$\alpha_e = 4\pi\varepsilon_0 R^3 = \frac{\mu_e}{E} \tag{4.16}$$

と表すことができる。ここで，R は電子雲の半径であり，双極子モーメント μ_e の方向は電界と同じ方向である。

〔2〕 **イオン分極** イオン結晶のように正負のイオンを同時に持つ場合，これらイオンが原因となる分極が起こる。しかし，**図 4.4**(a) のように，外部からの印加電界が存在しない場合には，正と負のイオンがそれぞれつり合うような位置にあるために分極は観察されない。これに対し，図(b)のように，外部から電界 E が印加されると，イオンはそれぞれの持つ極性によってたがいに逆方向に変位し，双極子モーメント μ_i が生じる。このように，イオンの相対的変位によって誘起された分極を**イオン分極**（ionic polarization）と呼ぶ。この場合，電荷 q を持つ正負のイオンがばね定数 K のばねで結ばれたものと考えると，イオン分極の分極率 α_i は

$$\alpha_i = \frac{q^2}{K} = \frac{\mu_i}{E} \tag{4.17}$$

と表すことができる。ちなみに，このイオン分極は**原子分極**とも呼ばれる。

(a) 電界がないとき　　(b) 電界 E が加わったとき

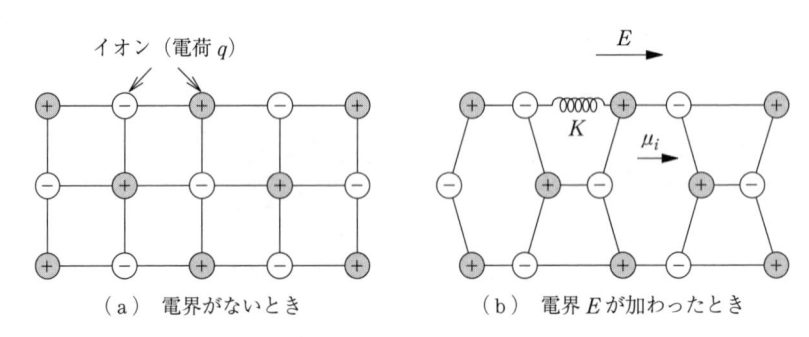

図 4.4　イオン分極の様子

〔3〕 **双極子分極** 水（H_2O）に代表される極性分子のように，永久双極子を持つ物質であっても，外部から電界が印加されていない場合には，多数の永久双極子は熱運動により，たがいにバラバラな方向にあり，それらの合成ベクトルがゼロとなるため，分極は観測されない。外部電界が印加されると，双極子が電界の向きに配向するように動くため分極が現れる。この分極を**双極子**

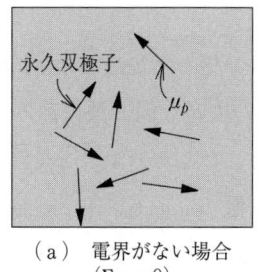

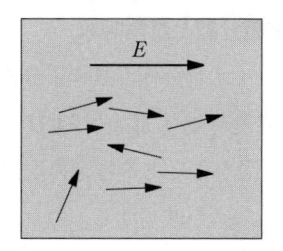

(a) 電界がない場合　　　(b) 電界 E が加わった場合
　　$(\Sigma\mu_p=0)$　　　　　　　　$(\Sigma\mu_p\neq 0)$

図 4.5　双極子分極の様子

分極（dipole polarization）もしくは**配向分極**といい，その様子を**図 4.5**に示す。

双極子分極の分極率 α_p は，個々の極性分子の持つ永久双極子モーメントを μ_p とすれば

$$\alpha_p = \frac{\mu_p^{\,2}}{3kT} = \frac{\mu\langle\cos\theta\rangle}{E} \tag{4.18}$$

と表すことができる。ここで，k はボルツマン定数，T は絶対温度，$\mu\langle\cos\theta\rangle$ は双極子モーメントの電界方向成分の平均値である。この式から，双極子分極の分極率は温度に反比例して変化することがわかる。

誘電体中で誘電分極が発生すると，それに伴って内部に電界が生じるので，誘電体内の電界は外部から印加された電界とは異なったものになる。この内部に生じた電界により，さらに誘電分極が誘起されるので，誘電分極と内部電界とがつり合うところで平衡することとなる。

〔4〕**空間電荷分極と界面分極**　　**空間電荷分極**は，電界印加により誘電体中の正負のイオンの移動に伴う分極である。そのため，この分極に伴う双極子モーメントは存在しない。誘電体中の正イオンは陰極近傍に，負イオンは陽極近傍に蓄積され，誘電材料全体が分極する。したがって，この分極に至るにはある程度の時間を要する。**界面分極**は，異なる誘電体が積層して作られた複合誘電体のような非均質な誘電体に電界が印加された場合に，誘電体中の正負のイオンが誘電体界面に集まることで生じる分極である。

4.1.3 誘電分散と誘電吸収

電子分極，イオン分極，双極子分極，界面分極など複数の分極過程を含む誘電体の複素誘電率の実部 ε' および虚部 ε'' の広範な周波数における特性を図 4.6 に示す。図から，ある特定の周波数以上になると分極が周波数に追従できなくなるため，ε' が減少する。これを**誘電分散**（dielectric dispersion）という。このとき，誘電分散を生ずる周波数領域において，ε'' が極大を示す。これを**誘電吸収**（dielectric absorption）という。

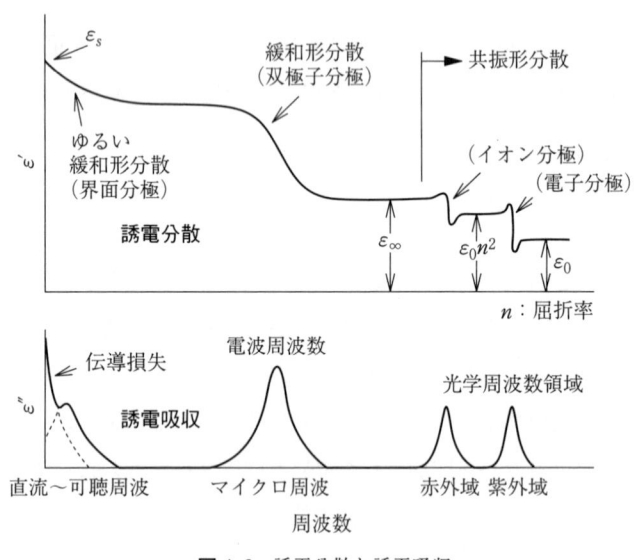

図 4.6 誘電分散と誘電吸収

電子分極やイオン分極のように，原子，分子内の電荷による交流電界下の電気変位の振舞いは，RLC 直列回路の微分方程式と同様な方程式で表すことができ，この特性を**共振形分散**という。分散周波数は，光学周波数領域にあるため，通常の電波周波数では ε' は変化せず，また ε'' はゼロとみなせる。それに対して，双極子分極や界面分極は RL や，RC 直列回路の微分方程式と同様な緩和現象を示し，これを**緩和形分散**という。これらの分散周波数は，電波周波数領域以下から超低周波数領域まで広範囲に及ぶ。

4.1.4 誘　電　損

図4.7(a)に示すように,誘電体が挿入されたコンデンサ C に交流電圧 V を印加すると,理想的なコンデンサであれば,回路を流れる電流は図(b)の I_0 となり,電圧との位相差 θ は完全に 90° となる。しかし,一般の誘電体では,θ は 90° よりもわずかに小さく,誘電体内に存在する抵抗分による電圧と同相の電流成分 I_R が流れる。この I_R によって誘電体内に生じるエネルギー消費 W を**誘電損**という。

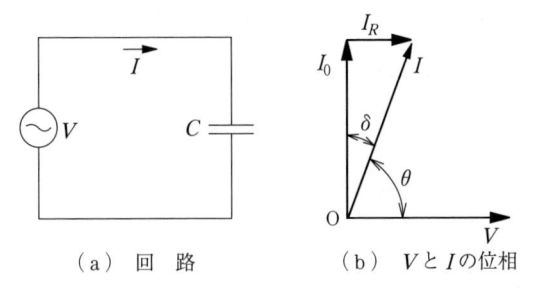

図4.7 誘電損のある場合の電圧と電流の位相関係

(a) 回　路　　(b) V と I の位相

印加電圧(実効値)を V〔V〕,周波数を f〔Hz〕,$2\pi f$ を角周波数 ω〔rad/s〕,真空コンデンサの幾何容量を C_0〔F〕,誘電体の比誘電率を ε_r,$\delta = 90° - \theta$ とすると,W は

$$W = VI_R = VI_0 \tan \delta = \omega V^2 C_0 \tan \delta \tag{4.19}$$

となる。したがって,電圧,周波数,および電極の形状が同じ場合,その電極間の誘電体の消費電力は $\varepsilon_r \tan \delta$ に比例する。この $\tan \delta$[†] を**誘電正接**(dielectric loss tangent, dielectric dissipation factor),δ を**誘電損角**(dielectric loss angle)と呼ぶ。なお,通常 $\varepsilon' \gg \varepsilon''$ であり,δ は小さい。

誘電損によって消費されるエネルギー W は,その誘電体を加熱するので,絶縁性が低下することがある。W は ωV^2 に比例するから,高電圧または高周波電圧において誘電損が大きくなる。その反面,誘電損を利用して物体を加熱する誘電加熱が発達した経緯がある。家庭での電子レンジによる食品の加熱

[†] **タンデルタ**や**タンデル**とも呼ばれる。

は，水の持つマイクロ波から遠赤外線にいたる広範囲の電磁波を吸収する性質を利用したものである（図4.6参照）。

4.1.5 圧電性と焦電性

誘電体などの物質に圧力を加えて変形させると，圧力に比例した分極を生じ，それに伴う起電力が生じる。逆に，その物質に電界を印加すると物質に機械的ひずみ（圧力）が生じて変形する。この両方の現象を**圧電効果**もしくは**ピエゾ効果**（piezoelectric effect）といい，前者を**正効果**，後者を**逆効果**という。

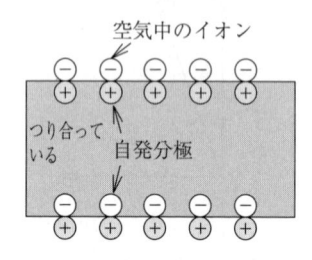

（a） 安定状態

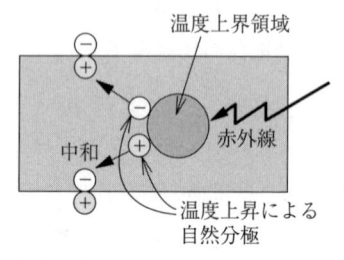

（b） 赤外線による温度上昇で自発分極が生じた状態

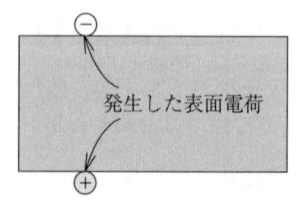

（c） 表面電荷の発生

図4.8　焦電効果の原理

圧電体とは，誘電体の中で圧電効果が特に著しく現れる材料の総称である。これに対し，誘電体などの物質の加熱など，温度変化によって誘電体の分極が変化する現象を**焦電効果**（pyroelectric effect）という。おもに，自発分極している誘電体の持つ性質を**焦電性**という。通常，自発分極した物質の分極電荷は，**図4.8**（a）に示すように表面に付着した空気中のイオンなどにより中和されているが，温度を変化させると分極の大きさが変わるため，表面電荷の変化分だけ観測される（図(b)と図(c)参照）。

4.2　絶縁材料の基礎

4.2.1　絶縁材料の導電現象

〔1〕　**気体絶縁材料の電気伝導**　　単元素または共有結合で結ばれた分子からなる気体は優れた絶縁体である。その電圧-電流特性は，**図4.9**に示すように，三つの領域に分けられる。

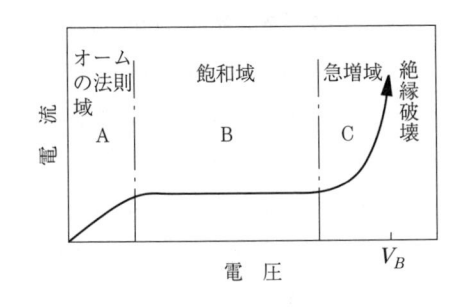

図4.9　気体の電圧-電流特性

A領域の微小な電流は，オームの法則に従い，キャリヤは中性原子・分子が宇宙線などの高エネルギー放射線によって電離された電子と正イオンであるが，電子は中性原子・分子に付着して負イオンとなりやすい。電離によるキャリヤの生成速度と再結合による消滅速度の平衡からキャリヤ密度が決まる。大気中での平衡キャリヤ密度は，約 $(2 \sim 10) \times 10^8$ 個/m^3 である。B領域になると，電界の上昇に伴い，キャリヤの移動が速くなることによる電流の増加と電極（陽極）近傍でのキャリヤの消滅による電流の減少が均衡するため，この領

域での電流はほぼ一定となる。C領域では，さらに電圧が上昇することで，高速に加速された電子による電離作用によって電子が自己増殖するため電流が急増する。このとき，電子の衝突電離係数をα，生成された正イオンの陰極衝撃による陰極からの二次電子放出係数をγ，陰極から紫外線照射などによって放出される初期電流密度をJ_0，電極間距離をdとすると

$$J = \frac{J_0 \exp(\alpha d)}{1 - \gamma\{\exp(\alpha d) - 1\}} \tag{4.20}$$

となる。ここで，pを気体の圧力とすると，αおよびγは電界強度Eとpの比E/p（**換算電界**ともいう）の関数である。

〔2〕 **固体絶縁材料の電気伝導** 一般に，固体はイオン結合や共有結合，あるいはこれら結合とファンデルワールス結合から成り立っており，そのため優れた絶縁性を示す。この固体絶縁材料での導電現象として，以下に記すイオン性伝導や電子性伝導が挙げられる。

（1） **イオン性伝導** 絶縁体内には，種々の理由でイオンが存在している。これらが物質構成の主体をなしているのが**イオン結晶**（ionic crystal）であり，正負イオンから構成されている。また，無機ガラスのように，イオンが固体構成の一役を共有結合とともに担っているものもある。イオン結晶の正負イオンは，格子点に安定に結ばれて動けないため電流は流れない。しかし，実際には格子欠陥があるため，これを通してイオンの移動が生じ電流が流れる。高分子のように共有結合を主体とした絶縁体では，不純物や，自身の分解，酸化などによってイオン性物質が存在し，物質内の空孔を通って移動する。イオンの移動は物質粒子の移動であり，電子の移動とは根本的に異なっている。

イオンの電界による移動は，イオン安定位置間の熱活性ホッピングで与えられる。電界印加により，電界方向とその反対方向とのホッピング確率に差が生じ，電界方向に正味のイオンの移動が起こる。イオンの振動数をν，1回のホッピング距離をa，イオン密度をnとすると，電流密度Jは

$$J = 2ena\nu \cdot \sinh\left(\frac{eEa}{2kT}\right) \cdot J_0 \exp\left(-\frac{U}{kT}\right) \tag{4.21}$$

となる。ここで，Uはエネルギー障壁の高さである。このとき，低電界領域（$eEa \ll kT$）および高電界領域（$eEa \gg kT$）における電流密度Jは，それぞれ

$$J \cong ena\nu \cdot \left(\frac{eEa}{kT}\right) \cdot \exp\left(-\frac{U}{kT}\right) \tag{4.22}$$

$$J \cong ena\nu \cdot \exp\left(\frac{eEa}{2kT}\right) \cdot \exp\left(-\frac{U}{kT}\right) \tag{4.23}$$

と近似することができる。

このように，Jは低電界ではオームの法則を示し，高電界になると電界に対し指数関数的に増加し，$\log J$対Eが直線で与えられる。ホッピング距離は，物質により変化するが，おおよそ$0.2 \sim 10$ nmの値を示す。イオンがイオン性物質の熱解離によってつくられるときには，イオン密度は$n \propto \exp(-W/2kT)$で示され，Wは一対の解離イオンをつくるのに要するエネルギーで，温度とともに上昇する。イオン結合は，クーロン引力によるので，誘電率の高い物質中では結合力が弱まり，解離されやすい。

（2）**電子性伝導** 原子が共有結合でたがいに規則正しく配列して固体を形成すれば，電子状態はバンド構造を形成し，伝導帯には伝導電子が存在し，このなかを**バンド伝導**（band conduction）をする。絶縁体はバンドギャップE_gの比較的広い状態である。キャリヤ密度は，$n \propto \exp(-E_g/2kT)$における温度Tの依存性をもって温度とともに急増し，格子の熱振動に起因して移動度は$\mu \propto T^{-3/2}$で与えられる。この状態で低電界においては，電流はオームの法則に従う。

一般的な絶縁体は，半導体のような規則正しい固体構造を持たず，微結晶体の集合や，無秩序な無定形構造を持っている。したがって，電子構造は完全なバンド構造をとらず，乱れを生じ，禁制帯内に多くのキャリヤのトラップ準位が生まれる。トラップ準位にある局在電子の伝導帯への遷移は，印加電界の影響を受けやすく，キャリヤ密度は$n \propto \exp(\beta_{PF}\sqrt{E/kT})$（$\beta_{PF}$：定数）の電界依存性をもって増大する。この現象を**プール・フレンケル効果**（Poole-Frenkel effect）という。また，局在準位間を電子が移動する過程は，ホッピングモデルで示され，電子は準位間の障壁を熱的に活性化されて飛び越える，あるいは

障壁をトンネルして移動する。熱活性ホッピングのときの移動度は，$\mu \propto 1/T \cdot \exp(-U/kT)$（$U$：エネルギー障壁の高さ）となり，温度とともに急増する。

絶縁体の電子性電流は，上述のとおり，種々の機構によってさまざまな温度および電界依存性を持つが，高電界になると，オームの法則からはずれて電流が急増し，気体のような飽和電流域は存在しない。さらに電界が上昇すると，気体と同様な電子による衝突電離増殖が開始し，電流はさらに急増して絶縁破壊へと移行する。

以上で述べたとおり，一般的な絶縁体はイオン電流と電子電流の成分を持っているが，同一の絶縁体でも低電界，高温領域はイオン性電流が支配的であり，高電界，低温領域で電子性電流が支配的になるものが多い。

〔3〕**液体絶縁材料の電気伝導**　液体の密度は，固体に類似しているが，分子間力は固体に比べて弱く，粘性流動を起こし，分子配列は気体と固体の中間に属する。液体は不純物（例えば，水やイオン性物質など）を吸蔵しやすい。したがって，電流成分もイオン電流が主体を占め，電圧-電流特性は固体に近く，きわめて純粋な液体以外には飽和電流領域は現れない。電流急増領域は，イオン解離度の電界による助長や，正イオンによる陰極前面での電界の強調によるショットキー放出の助長による場合が多い。さらに電界が上昇すると，電子衝突電離によるキャリヤ増殖が生ずる。

4.2.2　気体の絶縁破壊機構

一般に，絶縁体に高い電圧を加えた場合，突然に大きな電流が流れ，絶縁性が失われる現象を**絶縁破壊**という。絶縁破壊の起こる限界の電圧 V_b を**絶縁破壊電圧**と呼ぶ。絶縁体試片の厚さを d とし，これに印加される電界 E_b が均一である場合には

$$E_b = \frac{V_b}{d} \tag{4.24}$$

であり，E_b を**絶縁破壊の強さ**（または**絶縁破壊電界**，**絶縁破壊電界強度**，**絶縁耐力**）という。

4.2 絶縁材料の基礎

　気体の絶縁破壊は一般に**放電**と呼ばれている。この放電を導く主要な機構は電子による衝突電離である。すなわち，気体中にある電子は，電界によって加速され運動エネルギーを得るが，このエネルギーが気体分子を電離するのに十分な値になると，気体分子は電子を放出し，自身は正イオンになる。この新たに生じた電子は加速されて，さらにほかの気体分子を電離し，また電子と正イオンとに分かれる。このように，電子による衝突電離がつぎつぎに雪崩のように生じることを**電子雪崩**と呼ぶ。この電子雪崩が発生すると電極間の荷電粒子数とそれらが運ぶ電流は急激に増大し，ついに絶縁破壊（放電）に至る。

　いま，電極間距離が d である一組の平行平板電極を考える。陰極より n_0 個の電子が出発し陽極へ向かっているとする。電子が単位距離進む間に衝突電離の行われる平均の回数（電離係数）を α とすれば，電子が陰極から x の地点より $x+dx$ の地点へ進む間の電子数の増加分 dn は，x での電子数 $n(x)$ と dx に比例するので

$$dn = \alpha n(x) dx \tag{4.25}$$

と表される。これより

$$n(x) = n_0 e^{\alpha x} \tag{4.26}$$

を得る。したがって，陽極に達したときの電子数は，$n_0 e^{\alpha d}$ 個である。また，電子と対をなして生じた正イオンの数は，$n_0(e^{\alpha d}-1)$ 個である。この正イオンは電界の作用で陰極に達するが，このとき陰極より二次電子を放出する。この二次電子放出係数（確率）を γ とすれば，陰極から放出される電子数は，$n_0 \gamma (e^{\alpha d}-1)$ 個となる。この電子も，衝突電離により新たな電子と正イオンを生じながら陽極へと進んでいく。この第二段階の電子が陽極に達したときの電子数は，$n_0 \gamma (e^{\alpha d}-1) e^{\alpha d}$ であり，対になって生じた正イオンの数は，$n_0 \gamma (e^{\alpha d}-1)^2$ である。この陰極へ入射する正イオン1個当りに γ の割合で二次電子が陰極から放出され，この電子が陽極に向かう。

　この過程が際限なく続くとすれば，陽極へ達する電子の総数 N は

$$N = n_0 e^{\alpha d} + n_0 e^{\alpha d} \gamma (e^{\alpha d}-1) + n_0 e^{\alpha d} \gamma^2 (e^{\alpha d}-1)^2 \cdots \tag{4.27}$$

という無限級数で表される。$\gamma(e^{\alpha d}-1)<1$ のとき，この級数は

$$N = \frac{n_0 e^{\alpha d}}{1-\gamma(e^{\alpha d}-1)} \tag{4.28}$$

と表されるが，$\gamma(e^{\alpha d}-1) \geq 1$ であれば，N は無限大に発散する。すなわち，電流が無限大となってしまうので，放電が生じる臨界は

$$\gamma(e^{\alpha d}-1) = 1 \tag{4.29}$$

もしくは

$$\alpha d = \log\left(1+\frac{1}{\gamma}\right) \tag{4.30}$$

と表される。

このとき，係数 α は，気体の圧力 p に依存し，A, B を定数として

$$\alpha = pA \exp\left(-\frac{B}{E/p}\right) \tag{4.31}$$

と表される。この式と，式 (4.30) を連立させ，放電開始電圧 V_d とそのときの電界 E_d との関係

$$E_d = \frac{V_d}{d} \tag{4.32}$$

に注意すれば

$$V_d = \frac{B(pd)}{\log A - \log\left\{\log\left(1+\frac{1}{\gamma}\right)\right\} + \log(pd)} \tag{4.33}$$

の関係を得る。γ は元々イオンのエネルギーにはあまり関係せず，対数を 2 回とった場合の変化は十分小さいとみなして定数とし

$$C = \log A - \log\left\{\log\left(1+\frac{1}{\gamma}\right)\right\} \tag{4.34}$$

とすると

$$V_d = \frac{B(pd)}{C + \log(pd)} \tag{4.35}$$

となる。すなわち，気体の放電開始電圧 V_d は，気体の圧力 p と電極間距離 d の積に依存する。この関係を**パッシェンの法則**と呼ぶ。この V_d は放電による火花を発生する電圧であるから，**火花開始電圧**とも呼ばれる。式 (4.35) の関係を空気の場合で表すと，**図 4.10** のように pd の増加に対して凹の傾向を示す。

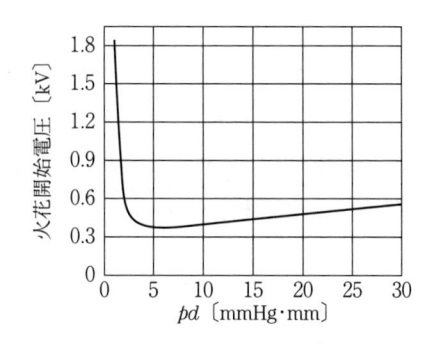

図 4.10 空気の火花電圧

圧力 p が高くなると気体の数密度が高くなるため，電子の平均自由行程が短くなり，電子が電離に必要なエネルギーを得るために高い電界を必要とする。したがって，V_d は p とともに高くなる。このような性質から，気体に圧力を加えて絶縁性を高めて利用されている。逆に，p が低くなると，電子の平均自由行程が長くなるため，V_d は小さくなる。ところが，p がさらに低くなり，図の極小値より左に寄った状態になると，電子の平均自由行程が電極間距離以上に長くなるため，電極間で気体分子と衝突する確率が減り，かえって V_d は上昇する。このことは，p を変えずに d を変化させる場合も同様であり，極小値の右側では，d が長くなると V_d も高くなる。ちなみに，20℃，1 気圧の空気中において，相当長い電極間で絶縁破壊を起こすためには約 30 kV/cm という非常に高い電界が必要となる。しかし，d がきわめて短く，気体中の電子の平均自由行程より短いと，V_d はかえって高くなる。

実際の気体の放電現象では，電離により電極間に荷電粒子が増加することがもたらす電界のひずみも生じる。また，電子と正イオンの再結合により放射される光による光電離も同時に起こっている。電界が不平等なときは，電界の強

い部分のみが破壊する部分放電が起こる。この場合，さらに印加電圧を上げると，電極間を結ぶ放電路に沿って火花を生じ完全な絶縁破壊となる。固体あるいは液体と接している部分における気体の破壊，すなわち沿面放電では，その絶縁破壊電界は電極配置が等しい気体中の放電における値より小さく，その値は電極の形状，距離，周波数，誘電体表面の性質，気体の圧力および湿度などに影響される。

気体の圧力がきわめて低くなり，真空とみなせるような状態では，衝突電離はほとんど起こらず，破壊を生じるためには電界の作用で電子を電極から放出させなければならない。このためには，10^6 V/cm 程度の電界の強さが必要となる。このため，真空はきわめて優秀な絶縁媒体ともいえる。

4.2.3 固体の絶縁破壊機構

固体の絶縁破壊電界 E_b の温度依存性をみると，図 4.11 に一例を示すように，$\partial E_b/\partial T \geqq 0$ の特性を持つ領域（低温領域）と，$\partial E_b/\partial T < 0$ の特性を持つ領域（高温領域）の二つに分けられる。

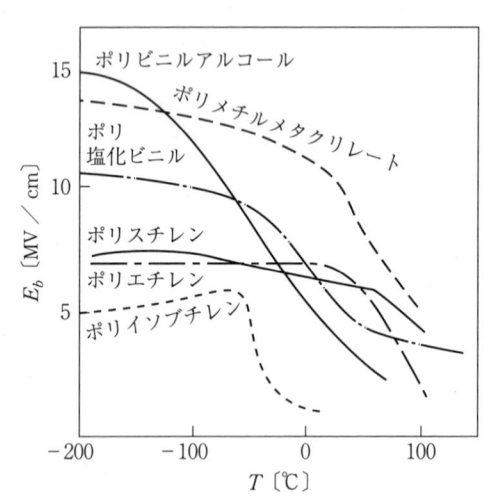

図 4.11 各種高分子の絶縁破壊の温度依存性

破壊を支配する基礎過程からみると，電子的振舞いを主体とする**電子的破壊** (electronic breakdown)，格子原子系の熱的平衡を考えた**熱的破壊** (thermal breakdown）および電気ひずみによる機械的平衡を取り扱う**電気・機械的破壊**（electro-mechanical breakdown）がある．

〔1〕 **電子的破壊**　電子的破壊は，固体内の電子の振舞いを主体としたもので，以下に述べる真性破壊，電子雪崩破壊，電界放出破壊の3種類が存在する．この電子的破壊は破壊形成に要する時間がきわめて短く（<10^{-6} s），インパルス電圧にも十分追随することができる．

（1）**真性破壊と集合電子破壊**　固体内伝導電子の単位時間当りの電界からのエネルギー利得Aと，これらの格子原子への衝突によるエネルギー損失Bとの平衡を考え，$A=B$が成立する最高電界E_bで破壊を起こす．これを**真性破壊**（intrinsic breakdown）という．

E_b以上の電界では，電子は非常に大きく加速されることになる．損失Bが増す要因として，例えば，原子振動を増す温度上昇はE_bを増加させ，$\partial E_b/\partial T > 0$の特性が現れる．しかし，これを多くの励起準位を持つ無定形固体の伝導電子とトラップ電子を含めた電子系全体としてエネルギー平衡を考えると，$\partial E_b/\partial T < 0$となり，温度上昇は$E_b$を低下させる効果をもたらす．これに伴う破壊を**集合電子破壊**（collective breakdown）という．これらのE_bは，試料厚さなどの幾何学的形状によって変化せずに絶縁体固有の性質によって決まる．

（2）**電子雪崩破壊**　電界内で伝導電子が加速され電離エネルギーに達すると，電子は気体のときと同様に，つぎつぎと原子を電離して増殖し，電子雪崩が引き起こされる．これが，ある大きさに達すると固体を構成する原子間結合に打ち勝って，固体を破壊する．この破壊を**電子雪崩破壊**（electron avalanche breakdown）という．このE_bは，$\partial E_b/\partial T > 0$の温度依存を示し，また試料厚さ$d$が薄くなると，電子雪崩の成長が抑えられるため$E_b$が上昇する．

（3）**電界放出破壊（ツェナー破壊）**　高電界により電子が価電子帯から伝導帯にトンネル効果で遷移し，伝導電子数を増やして固体を破壊する．この破壊を**電界放出破壊**（field emission breakdown）もしくは**ツェナー破壊**（Zener breakdown）という．このE_bは，温度および試料厚さで変化しない．トンネル効果は，100 MV/m程度から有効に働くようになる．したがって，きわめて薄

い絶縁層での破壊に見られる。絶縁層が少し厚くなると電子雪崩破壊が起こる。

〔2〕 **熱 的 破 壊**　熱的破壊は，伝導電流によるジュール熱や誘電損による発熱を主体とする破壊である。電界 E を印加したときの熱平衡式は，次式で与えられる。

$$C_v\left(\frac{dT}{dt}\right) - \mathrm{div}(\kappa\,\mathrm{grad}\,T) = \sigma E^2 \tag{4.36}$$

ここで，C_v は単位体積当りの熱容量，κ は熱伝導率，σ はジュール損と誘電損を含めた実効導電率である。式 (4.36) の熱平衡式が成立する最高の電界が E_b である。式 (4.36) の左辺の二つの項の大きさにより

① **定常熱破壊**（電界の上昇速度が遅く，$dT/dt \sim 0$ とみなせる場合）
② **インパルス熱破壊**（電界の上昇速度が速く，$\mathrm{div}(\kappa\,\mathrm{grad}\,T) \sim 0$ とみなせる場合）

とがある。これら熱破壊による温度変化を**図 4.12** に示す。いずれの熱破壊においても $\partial E_b/\partial T < 0$ となり，E_b は温度とともに低下する。実用の絶縁機器においては高温度になることが多いため，この熱破壊が起こりやすいので注意を要する。

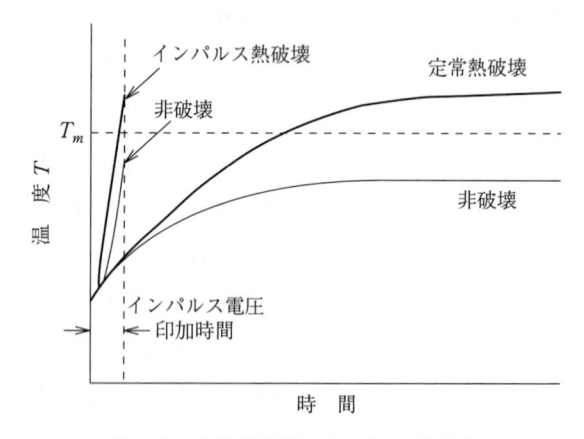

図 4.12　定常熱破壊とインパルス熱破壊

〔3〕 **電気・機械的破壊** 電気ひずみが大きくなり，ある試料厚さ以下になると，機械的平衡が保てなくなる。このときの限界の電界がE_bであり，次式により与えられる。

$$E_b = \left(\frac{Y}{\varepsilon}\right)^{1/2} \exp\left(-\frac{1}{2}\right) \tag{4.37}$$

ここで，Yは**ヤング率**（Young's modulus）であり，これは温度とともに低下するので，$\partial E_b/\partial T < 0$となる。この破壊は，高温でヤング率が急減する熱可塑性高分子材料において観測される。

4.2.4 液体の絶縁破壊機構

液体は分子間距離が分子の大きさと同程度で，平均自由行程が短いために衝突電離が起こりにくいが，それでも電界が高くなると衝突電離が起こるようになる。これに加え，高電界下では電極からの電子放出や液体分子の解離に伴うイオンの発生などにより荷電粒子が増加する。荷電粒子が増加して電流が流れると，その熱で気泡を生じ，気泡内の放電により絶縁破壊が起こる。気泡が発生する機構としては，電流による発熱のほかに，電子の衝突解離や電極表面に生じた気泡に表面電荷がたまり，静電反発力が働く機構などが考えられている。高電界下で生じた気泡内の放電が絶縁破壊の発端となるとする理論は，液体の絶縁破壊を説明する有力な理論であり，**気泡破壊理論**と呼ばれている。

絶縁油は代表的な液体絶縁材料であるが，絶縁油中に水分や繊維などの不純物が含まれている場合，絶縁破壊電圧が大きく低下する。**図 4.13**に，絶縁破壊に及ぼす水分と繊維状異物の影響を示す。図から，わずかの水分により破壊電圧が大幅に低下することがわかる。特に繊維と水分が共存する場合の低下が大きい。絶縁油の破壊電圧は電極面積や電界が加わる部分の体積が増すと低下する。これを**サイズ効果**という。サイズ効果は，電極面積や体積が増すにつれて，電極表面の微小な突起や液体中の吸蔵ガス，不純物などの欠陥の存在確率が増すことに起因すると考えられている。

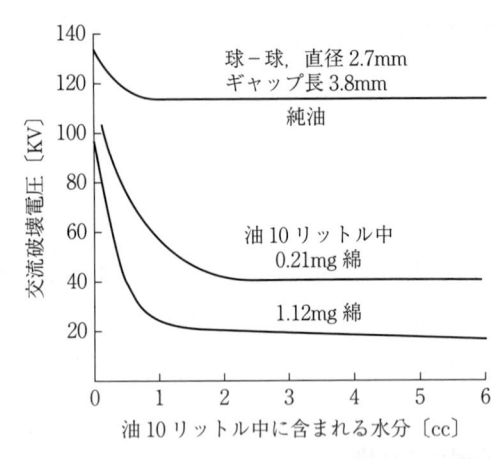

図4.13 破壊電圧に及ぼす水分と繊維状異物の影響

4.2.5 絶縁破壊に伴う劣化

時間の経過に伴う絶縁性能の低下を**絶縁劣化**という。電気機器の性能の低下は，それらの機器を構成する絶縁材料の劣化が原因となって生じることが多い。電気機器を長い年月にわたり使用する場合，絶縁材料の劣化が進み，それに伴い機器性能の低下や，機器の故障や破壊をもたらす。したがって，この絶縁材料の劣化機構について正しく理解することは非常に重要である。実際の機器や材料では，ある特定の要因だけで劣化するわけではなく，いくつかの劣化が複合して作用する場合が多い。絶縁材料のおもな劣化を分類したものを図4.14に示す。ここでは，これら劣化機構のうち，熱劣化，紫外線劣化と放射線劣化，トラッキング劣化，部分放電劣化，電気トリー劣化，水トリー劣化に

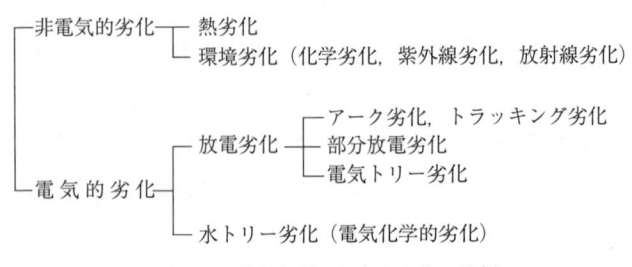

図4.14 絶縁材料のおもな劣化の分類

ついて解説する。

〔1〕熱劣化　一般的に材料中を流れる伝導電流による発熱や, 誘電損による発熱により材料の温度が上昇する。温度上昇によって化学反応が促進され, 材料そのものも変質していく。この熱に伴う劣化を**熱劣化**という。

例えば, 有機高分子材料は使用温度が限られているものが多いが, これは高分子材料の多くが高温下で化学的に変質し本来持っている性能が失われることで電気的性能, 機械的性能が低下するためである。高温下での材料の変質, すなわち熱劣化は熱分解反応や酸化反応によって生じる。熱分解は物質に加わる熱エネルギーが**表4.1**に示すような原子/分子間の結合エネルギーを超える場合に起こる。

表4.1　原子/分子間の平均結合エネルギー

結合	平均結合エネルギー〔kcal/mol〕	平均結合距離〔nm〕	結合	平均結合エネルギー〔kcal/mol〕	平均結合距離〔nm〕
C—H	98.8	0.110	C—O	85.5	0.143
O—H	110.6	0.097	C=O	178	0.122
C—C	82.6	0.154	C—Cl	81	0.177
C=C	145.8	0.134	C—F	116	0.138
C≡C	199.6	0.120	N—O	53	0.136
C—N	72.8	0.147			

一方, 空気中のように, 材料が使用される環境中に酸素が存在する場合には酸化反応により材料が変質する。高分子材料では, 熱分解で生じたフリーラジカル (化学的活性粒子) R· に酸素 (O_2) が反応することで以下に示す連鎖反応が起こり, 酸化が自動的に進行すると考えられている。

連鎖反応1：RH → R· + ·H

連鎖反応2：ROOH + ROOH → RO· + ROO· + H_2O

連鎖反応3：R· + O_2 → ROO·

連鎖反応4：ROO· + RH → ROOH + R·

この場合, 連鎖反応1により熱分解で生じたフリーラジカルR· は, 連鎖反応3により酸素 (O_2) が反応し, そこで生成されたROO· が連鎖反応4により

RHと反応することでR・とROOHを生成する。その際，新たに生成されたR・は，先の連鎖反応3により再び酸素（O_2）と反応し，新たに生成されたROOHは連鎖反応2によりROO・を生成するので，連鎖反応4の反応が再び起こる。このように，連鎖反応1（R・の生成）を起点とし「連鎖反応3（ROO・の生成）→ 連鎖反応4（R・の生成）→ 連鎖反応3（R・の生成）→ ……」，および「反応2（ROO・の生成）→ 反応4（ROOHの生成）→ 反応2（ROO・の生成）→ ……」の二つの循環過程が同時進行していく。

このような熱劣化を防止するため，実際に用いられる材料には，酸化の連鎖反応を断ち切る作用を持つ酸化防止剤などが添加される。

〔2〕 **紫外線劣化と放射線劣化** 屋外で使用される材料の場合は紫外線や，放射線にさらされる可能性も大きく影響し，これらが劣化の原因となる。

紫外線劣化は，屋外で使用される絶縁材料は紫外線に常時さらされることが原因で生ずる劣化である。紫外線劣化では紫外線のエネルギーを吸収して活性化した分子が，熱劣化の酸化反応の場合と同様の酸化反応を起こし，劣化が進行する。紫外線劣化を防止するためには，カーボンブラックや紫外線吸収剤のような高エネルギーの紫外線を吸収する物質を材料に添加させるなどの工夫が必要である。

それに対して，**放射線劣化**は，原子力発電所に使用される電線やケーブルなどが原子炉での核反応の過程で生じる放射線を受けて生じる劣化のことをいう。放射線劣化は放射線の照射を受けて発生したラジカルが，架橋反応や酸化反応などを引き起こして材料を変質・分解させるものである。放射線劣化を防止する方法としては，耐放射線性の良い高分子材料の使用や，耐放射線性を付与することのできる添加剤を使用することなどが挙げられる。

〔3〕 **トラッキング劣化** 汚損した絶縁体表面を流れるリーク電流や，絶縁体表面で生ずる沿面放電によって，絶縁物の表面に炭化した導電路が発生し，表面の絶縁が破壊する現象が**トラッキング劣化**である。トラッキング発生のしやすさは，材料によって大きく異なり，例えば，水和アルミナ（$Al_2O_3 \cdot 3H_2O$）のようなある特定の無機材料はトラッキング劣化を起きにくくする効果

を持つため，耐トラッキング性を改善するための充填剤として高分子材料に添加する方法が採用されている。

〔4〕**部分放電劣化**　電圧印加に伴って高電界部分で放電が生じれば，その放電が劣化の原因となりうる。高電圧が印加されたときに局所的に高電界が発生する導体の突起部や，**図4.15**に示す固体絶縁体中の**ボイド**（void），液体中の気泡などがあると，その箇所は絶縁体中の弱点部分となり，高電圧が印加された場合にその箇所で放電を生じることが多い。このような放電を**部分放電**（partial discharge）という。

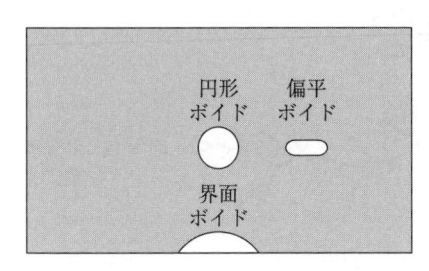

図4.15　固体絶縁体中のボイド

この部分放電が発生すると，放電空間内に自由電子，イオン，励起原子などが生じ，これらの粒子による衝撃作用や，放電によって生じたラジカルによる化学反応などによって，周囲の材料が損傷を受け劣化を生じる。これを**部分放電劣化**という。部分放電劣化が進行すると，やがて絶縁破壊に至る。

図4.16に，部分放電から電気トリーに至る過程を示す。この図から，部分放電による劣化が進行すると，ピットといわれる侵食孔が生じ，その箇所から電気トリーが発生する様子がわかる。部分放電劣化は，最終的には絶縁破壊を招くので，実際の機器ではこれを未然に防ぐ必要がある。その方法として，部

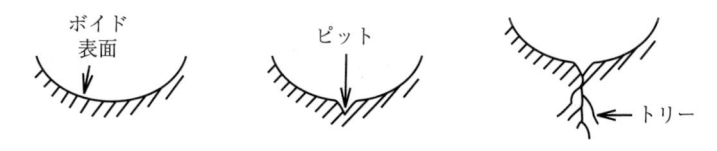

図4.16　部分放電から電気トリーに至る過程

分放電の発生に伴う電気信号を検出し，絶縁体の劣化状況を診断することなどが挙げられる。

〔5〕 **電気トリー劣化**　　電気トリー（electrical tree）とは，厚い固体絶縁体に生じる樹枝状の放電のことであり，導電面と固体絶縁体の境界面の突起部や，絶縁体中の異物端部などの局所的な高電界部に生じることで絶縁材料の劣化を引き起こす。図 4.17 に，ポリエチレンブロック中に挿入した針電極の先端部に発生した電気トリーの模式図を示す。

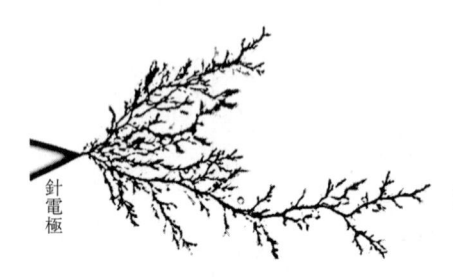

図 4.17　針電極の先端部に発生した電気トリーの模式図

電気トリーの特徴としては
① 印加電圧の大きさや種類が違えば形状も異なること
② 時間の経過とともに放電を伴って進展すること
③ 高分子の結晶構造が電気トリーの進展に大きな影響を及ぼしていること
④ 厚い絶縁体の場合に電気トリーが生じると短期間で進展して絶縁破壊に至ること

などが挙げられる。

〔6〕 **水トリー劣化**　　水トリー劣化は，水に接する状態で絶縁物に電界が印加された場合に絶縁層と電極の境界面や，絶縁体中のボイドおよび異物などに生じる劣化である。水トリー部には水分が検出され，乾燥すると水トリーの痕跡が消えるが，温水中で煮沸すると再び観察される。また，メチレンブルーなどの染料を用いて染色すると着色する。水トリーは電気トリーを誘発し，通電中のケーブルを絶縁破壊させる要因となる。

水トリー劣化を防止するには，絶縁体中への水の侵入を防止させることが有

効であり，金属ラミネートシースを用いる方法（図4.18），導体を水密構造にする方法などが採用されている。

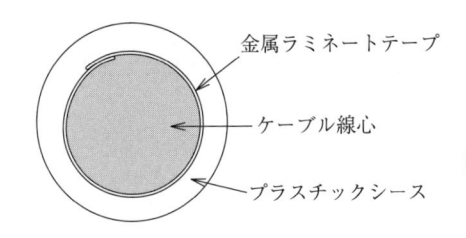

図4.18 金属ラミネートシースケーブルの構造

4.3 各種の誘電/絶縁材料

4.3.1 誘電/絶縁材料に求められる性能

〔1〕**絶縁特性** 絶縁特性は電気を利用するうえで最も重要な特性の一つであり，絶縁耐力が高いこと，そして絶縁耐力が長時間の使用によって低下しないことが求められる。

〔2〕**誘電特性** 誘電特性は，絶縁特性と併せて重要な電気的特性である。交流電界下の損失を小さくするためには誘電率や誘電正接が小さいことが必要である。一方で，コンデンサに用いられる材料の場合，静電容量を大きくするために誘電率の高い材料が求められる。誘電率や誘電正接は温度や周波数によって変化するので，材料を選定する場合には誘電率や誘電正接の温度および周波数変化についても十分理解しておくことが必要である。

〔3〕**機械的特性** 固体絶縁材料は，電気機器の構成要素として用いられるので，機械的な力（引張り，圧縮，曲げ）や大電流に伴う電磁力に対する強度を有することが必要である。

〔4〕**熱的特性** 電気絶縁材料は，伝導電流によるジュール加熱や誘電体損による加熱により使用中に温度が上昇する。そのため，耐熱性が良く，熱膨張率が低く，放熱特性（熱伝導度）にすぐれていることが望ましい。また，防災上の観点から難燃性も持ち合わせていることも併せて必要とされる。

〔5〕 **化学的特性** 材料の劣化を防止する観点から，化学的に安定であることが好ましい。さらに使用環境によっては十分な耐候性や耐薬品性も必要である。

以上の諸特性に加え，材料が安価であること，取扱いや成型・加工が容易であることも重要である。

4.3.2 コンデンサ用材料

誘電体のおもな利用法の一つにコンデンサ用材料がある。ちなみに，コンデンサは**キャパシタ**とも呼ばれる。コンデンサは電荷を蓄積する素子であり，原理的には誘電体を電極で挟んだ構造（図 4.1(b) 参照）を成している。このとき，式 (4.9) で表されるこの構造のコンデンサの静電容量 C は，電極間に挟まれた誘電体の比誘電率と電極面積とに比例し，誘電体の厚さ（電極間隔）に反比例する。そのため，小型のコンデンサを作るには，比誘電率の高い材料を選定し，薄膜状に加工して使用することが望ましい。

現在市販されているコンデンサには，酸化アルミニウム（Al_2O_3），酸化タンタル（Ta_2O_5），ポリエステルなどのフィルム，マイカ（雲母），酸化チタン（TiO_2），チタン酸バリウム（$BaTiO_3$）などが誘電体として使われており，その材料の種類から，セラミックコンデンサ，タンタルコンデンサ，マイカコンデンサなどと呼ばれている。

これらコンデンサの中でも，**積層セラミックコンデンサ**は，小型形状でありながら大きな静電容量が得られること，プリント基板への高密度実装が可能で高速自動実装機の使用に適しているため，主要な電子機器の中で使用されるコンデンサとして挙げられる。

積層セラミックコンデンサは，**図 4.19** に示すように，片方の外部端子電極にのみ接続した内部電極が，もう一方の外部端子電極に接続した内部電極とたがいに交差させることで実効的に大きな電極面積を形成して大きな静電容量を得ている。したがって，内部電極と誘電体の厚さを薄くして，相互の積層枚数を増やすほど大きな静電容量が得られるため，誘電体と内部電極の厚さが数

4.3 各種の誘電/絶縁材料　111

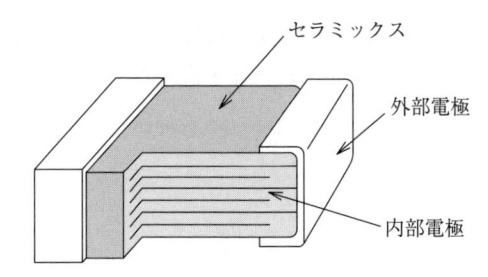

図4.19 積層セラミックコンデンサの構造模式図

μmのレベルまで薄層化が進んでいる。

現在，携帯電話などの携帯機器では1.0×0.5 mmのサイズのものが主流となっており，肉眼では見ることが困難な0.6×0.3 mmという超小型の積層コンデンサも登場し，携帯電話用のカメラモジュールなどに多数使用されている。

4.3.3 圧電・焦電材料

誘電体に圧力を加わることで分極電荷が変化する圧電効果（4.1.5項参照）を有する圧電材料は，以下に述べる超音波振動子や高電圧発生素子として広く利用されている。水晶（SiO_2）は，時計用などの振動子としてよく知られている圧電材料であるが，産業的に最も多く使用されている圧電材料は，ジルコン酸鉛（$PbZrO_3$）とチタン酸鉛（$PbTiO_3$）を1:1に混合し，焼成して作られる**チタン酸ジルコン酸鉛**（**PZT**：$Pb(Zr, Ti)O_3$）と呼ばれるセラミックス系複合材料である。具体的には医療機器用などの超音波振動子，ガスレンジ点火用などの高電圧発生素子，プリンタ用などのアクチュエータに応用されている。**ニオブ酸リチウム**（$LiNbO_3$）などの結晶も圧電性を示し，高周波フィルタなどの表面弾性波素子に用いられている。さらに，フィルム状に成形できる**ポリフッ化ビニリデン**（**PVDF**：Polyvinylidene difluoride）も大きな圧電性を有しており，音響インピーダンスをマッチングさせる観点からオーディオ用のスピーカや医療用超音波診断機器などに応用されて注目されている。

それに対して，誘電体に温度変化が生じることで分極が変化する焦電効果を有する焦電材料としては，上述の圧電材料であるPZTや，**タンタル酸リチウ**

ム(LiTaO₃)がある。これらの焦電材料を用いて電荷量の変化を電圧の変化として読み取ることにより，人体から放出される赤外線による微妙な温度変化を捉えるセンサが作られており，人の出入りに応じてスイッチを入切しなくても点消灯する自動照明や自動ドアなどに応用されている。

4.3.4 気体絶縁材料

一般に，気体絶縁材料は固体絶縁材料や液体絶縁材料に比べ絶縁耐力が低いが，誘電率や誘電正接が小さく低損失である。気体を用いたガス絶縁方式は，自由な絶縁形状がとれるという利点もある。**表4.2**に，おもな気体絶縁材料の分子構造と絶縁耐力の相対比較（六ふっ化硫黄の絶縁耐力を1.0として比較）をまとめる。

表4.2 おもな気体絶縁材料の特性

名称	分子式	分子量	絶縁耐力	沸点〔℃〕
六ふっ化硫黄	SF_6	146.06	1.0	−64（昇華）
空気	(混合ガス)	約29	0.37	−190
窒素	N_2	28.01	0.37	−196
二酸化炭素	CO_2	44.01	0.35	−79（昇華）

〔1〕**空　気**　空気は，自然界に存在する優れた絶縁材料で，空気の絶縁特性を利用した気中絶縁方式は古くから利用されている。電気機器の絶縁構造を決定するために代表的な電極配置での空気の絶縁破壊電界（もしくは電圧）を求める実験式が得られている（**表4.3**）。

表4.3 各種電極配置下における空気の絶縁破壊電界

電極配置	絶縁破壊電界〔kV/cm〕
球ギャップ	$27.9\delta(1+0.533/\sqrt{\delta\gamma})$
同軸円筒ギャップ	$31.0\delta(1+0.301/\sqrt{\delta\gamma})$
平行円筒ギャップ	$29.8\delta(1+0.301/\sqrt{\delta\gamma})$

δ：相対空気密度，γ：球あるいは円筒の半径〔cm〕

平行平板電極においては，端部では電界が集中するが，電極中心部付近はほぼ完全な平等電界となる。平等電界での空気の絶縁破壊電界はつぎの実験式で

4.3 各種の誘電/絶縁材料

与えられる。

$$E_b = 24.05\delta\left(1 + \frac{0.328}{\sqrt{\delta d}}\right) \quad [\text{kV/cm}] \tag{4.38}$$

ここで，δ は相対空気密度，d はギャップ間隔〔cm〕を表す。

針対平板電極のように，電界分布の不平等性が大きい場合には，全路破壊に先立って部分放電が発生する。絶縁破壊電界は印加電圧の極性で異なり，正極性の電圧を印加した場合は負極性の電圧を印加した場合のほぼ半分の電界強度で絶縁破壊する。

〔2〕**窒　　　素**　窒素は不活性な中性の気体であり，表4.2から明らかなように絶縁耐力は空気とほぼ同程度である。このため，酸化を防ぐ媒体として電気機器に充填して用いられることが多い。

〔3〕**六ふっ化硫黄**　ハロゲン，SF_6，フレオンなどのように衝突電離で生じた電子を付着する作用の大きい気体は**電気的負性気体**と呼ばれている。電気的負性気体は衝突電離で生じた電子が付着して負イオンになり，電子を消滅させる作用があるので絶縁破壊電圧が高い。特に，六ふっ化硫黄（SF_6）は熱的，化学的に安定で，絶縁耐力が空気の約3倍，消弧性能が空気の約100倍と優れた絶縁性能を持つため，ガス遮断器，ガス絶縁開閉装置，コンデンサなどに使用されている。**図4.20**に SF_6 分子の構造を，**表4.4**に SF_6 分子のおもな物理特性を示す。

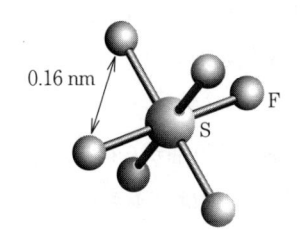

図4.20　SF_6 分子の構造

平等電界での大気圧付近までの SF_6 ガスの絶縁破壊電圧に関してはつぎの実験式が与えられている。

$$V_b = 0.376 + 89.6 pd \quad [\text{kV}] \tag{4.39}$$

表 4.4 SF$_6$分子の物理特性

項　目	単　位	数　値				
分子量	—	146.06				
密　度 （大気圧，20℃）	kg/m^3	6.14				
比　重 （空気を1として）	—	5.10				
昇華点	℃	−63.8				
融点 (0.122 MPa)	℃	50.8				
臨界温度	℃	45.6				
臨界圧力	MPa	3.77				
臨界密度	kg/m^3	725				
比　熱	J/(kg·K)	6.49×10^2				
熱容量	J/(kg·mol·K)	9.47×10^4				
熱伝導率	W/(m·K)	1.40×10^{-2}				
粘性率	Pa·s	1.54×10^{-5}				
飽和蒸気圧	MPa	−40℃	−20℃	0℃	20℃	40℃
		0.361	0.725	1.32	2.21	3.47

ここで，p は圧力〔atm〕，d は電極間距離〔cm〕である．

4.3.5　液体絶縁材料

　液体絶縁材料の代表は絶縁油で，1880 年代から電力ケーブルやコンデンサ，変圧器用の絶縁材料として利用されている．絶縁油は単独で用いられるだけでなく，絶縁紙などに含浸して使用されることも多い．絶縁油の電気的特性は水分や繊維状不純物により大きく影響するので，使用する際にはそれらの混入を防ぐ処理が必要であり，そのため真空脱気処理やフィルタリング処理が施される．

　絶縁材料として用いられている絶縁油は，原油から得られる鉱油と，人工的に合成された合成油に大別できる．合成油にはアルキルベンゼン，ポリブテン，アルキルナフタレン，シリコーン油などがある．**表 4.5** におもな絶縁油の特性を示す．

表4.5 絶縁油の特性

	絶　縁　油	鉱油	アルキルベンゼン	ポリブテン	アルキルナフタレン	シリコーン油
特性	動粘度 [mm^2/s] (40℃)	8.0	8.6	103	7.5	39
	引火点 [℃]	134	132	170	150	300
	流動点 [℃]	-32.5	<-50	-17.5	-47.5	<-50
	比誘電率 (80℃)	2.18	2.18	2.15	2.47	2.53
	誘電正接 (80℃)	<0.01	<0.01	<0.01	<0.01	<0.01
	体積抵抗率 (80℃) [$\Omega \cdot cm$]	3×10^{15}	$>5 \times 10^{15}$	$>5 \times 10^{15}$	$>5 \times 10^{15}$	$>5 \times 10^{15}$
	破壊電圧 [kV/2.5mm]	75	80	65	80	65

〔1〕**鉱　　油**　鉱油の組成は原油の種類と精製法により異なる。原油にはパラフィン系，ナフテン系，芳香族系などの種類があるが，化学的成分はいずれも炭化水素である。絶縁油中の芳香族成分は酸化を抑制し，部分放電によって生じたガス成分を吸収する性質があり，絶縁性能の維持に有用である。鉱油は変圧器，コンデンサ，電力ケーブルなどに利用されている。

〔2〕**アルキルベンゼン**　ベンゼン，ナフタレンなどのアルキル置換体で，代表例はドデシルベンゼンである。高温高電界下での絶縁特性が良好でOFケーブル用の絶縁油として使用される。

〔3〕**ポリブテン**　重合度によって広範囲の粘度のものが得られる。パイプ型ケーブル，CVケーブルの終端接続部，コンデンサなどに利用されている。

〔4〕**アルキルナフタレン**　ナフタレンのアルキル置換体であり，絶縁紙に含浸させたときの性能がすぐれておりコンデンサに用いられている。この絶縁油は毒性の強いポリ塩化ビフェニルの代替材料として利用されている。

〔5〕**シリコーン油**　分子構造の骨格にシロキサン結合(-Si-O-)を有する絶縁油で，重合度により粘度の異なる種々の種類がある。絶縁耐力が高い，難燃性が高い，粘度の温度変化が小さいという特長がある。ただし，鉱油に比べ水分の溶解量が大きい。そのためプラスチックに対する膨潤性が小さいことを

利用して，CVケーブルの終端接続部の充填絶縁油として用いられている。

4.3.6 天然の固体絶縁材料

固体絶縁材料は，気体・液体絶縁材料に比べて絶縁耐力が高いので，絶縁体そのものとして用いられるだけでなく，ガス絶縁方式や真空絶縁方式の支持絶縁物として広く使用されている。固体絶縁材料は天然材料と合成材料に大別され，それぞれは無機材料と有機材料に細分化されている。天然の固体絶縁材料のうち，無機絶縁材料としてはマイカ，石英，ガラスなどが挙げられる。これらの材料の分子構造はいずれもシロキサン結合（-Si-O-）を骨子としており，絶縁耐力が高く，耐熱性にすぐれており重要な材料が多い。

〔1〕 **マイカ** マイカ（mica，雲母）は，ケイ酸四面体（SiO_4）が層状に配列し，この層間にマグネシウム（Mg），あるいはアルミニウム（Al）などの原子が入ってサンドイッチ状の層を形成し，この層の間にカリウム（K）が入った構造となっている。絶縁耐力が高く，耐熱性に優れ，劣化しにくく，コイル絶縁に用いられている。

〔2〕 **磁器** 絶縁材料として用いられる磁器は長石磁器である。長石磁器は粘土，長石，ケイ土を2：1：1程度の割合に混合し，水を加えて練った粘土を成型，乾燥，焼成したもので，耐熱性，電気絶縁性にすぐれ，機械的強度が大きく，比較的安価で，大型の成型品ができるため，がいしやがい管に利用されている。

〔3〕 **ガラス** ガラスはSiO_2，B_2O_3，Al_2O_3などの酸化物を混合融解し，結晶化させずに冷却して作られる。石英ガラス，高ケイ酸ガラス，ソーダ石灰ガラス，鉛ガラスなどさまざまな種類がある。電気的性質は石英ガラスが最も良い。高圧水銀灯をはじめとする各種の管球などに広く使用されている。ガラスを太さ6～7 μmの細い繊維状にしたものがガラス繊維であり，断熱材や，長い繊維を織ってテープや布状にして電線の被覆材料として使用される。ガラス繊維をシリコーンワニスで処理したものは，特に耐熱性がよく，マグネットワイヤの絶縁材料として用いられている。

〔4〕**絶　縁　紙**　　絶縁紙は天然の有機絶縁材料である。**図4.21**に示すように絶縁紙の化学構造はセルロースで，分子構造中に水酸基（-OH）を含んでいるため，誘電率や誘電正接が大きいが，化学的に安定で，面積の広い均質のシートができ，絶縁油を含浸することで高い絶縁耐力が実現できることから，ケーブル，コンデンサ，変圧器などの絶縁材料として古くから用いられてきた。

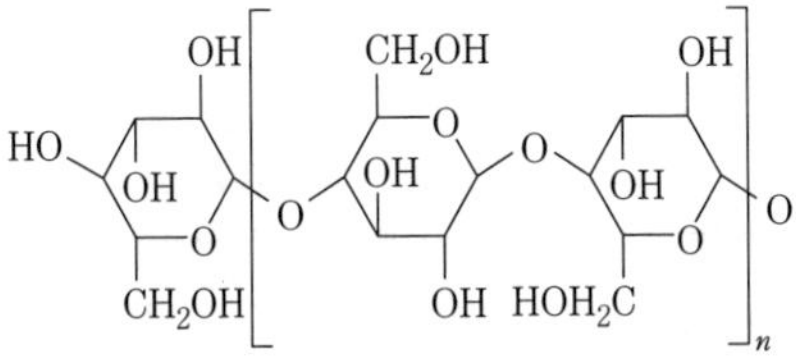

図4.21　絶縁紙の化学構造（セルロース）

絶縁油を含浸させた絶縁紙（油浸紙）は一般に気密度が高いほど絶縁耐力が高く，密度が高いと誘電正接が大きくなる傾向がある。高電圧ケーブル用の絶縁紙としては密度と気密度のバランスをとりながら，紙の中のイオン物質を除去するため，脱イオン水で抄紙した紙（脱イオン水洗紙）が使用されている。

絶縁紙は分子構造中に水酸基を含むため，誘電損を低減させるには限界がある。1970年代には超高圧ケーブルに使用する損失の少ない絶縁紙の開発が行われ，**半合成紙**と呼ばれる絶縁紙が開発された。半合成紙はクラフト紙（セルロース）に誘電率や誘電正接の小さな高分子材料のフィルムを積層させたラミネート紙である。半合成紙はクラフト紙に比べて絶縁耐力が高く，誘電率や誘電正接が小さいため，誘電体損を大幅に減少できる材料としてOFケーブル（2.2.4項参照）の絶縁体材料に用いられている。

4.3.7　熱可塑性樹脂

重合反応によって生成された高分子は，基本分子が鎖状に結合しているものが多く，このような高分子を**鎖状高分子**という。この鎖状高分子は，加熱した場合に溶け，冷却すると固まり，自由に成形できる性質を持つ。この性質を**熱

可塑性といい，熱可塑性を持つ高分子物質を**熱可塑性樹脂**という。

熱可塑性樹脂には，ポリ塩化ビニル (PVC)，ポリエチレン (PE)，ポリプロピレン (PP)，ポリメチルメタクリレート (PMMA)，ポリエチレンテレフタレート (PET)，ポリアミドなどが挙げられる。おもな熱可塑性樹脂の諸特性を表 4.6 に示す。

表 4.6 熱可塑性樹脂の諸特性

樹　脂	低密度ポリエチレン	ポリプロピレン	ポリ塩化ビニル(軟質)	ポリスチレン	PET	PTFE(フッ素樹脂)
融点〔℃〕	108〜126	164〜170	75〜105	(100〜105)	254〜259	327
比　重	0.910〜0.925	0.902〜0.910	1.16〜1.70	1.04〜1.09	1.34〜1.39	2.14〜2.20
引張強さ〔MPa〕	8〜31	31〜41	10〜24	36〜52	59〜72	14〜34
伸び〔%〕	90〜800	200〜700	200〜450	1.0〜2.5	50〜300	200〜400
比誘電率	2.25〜2.35	2.2〜2.6	3.3〜9.0	2.4〜3.1	3.2	2.0〜2.1
誘電正接	0.0003	0.0003	0.07〜0.16	0.0005	0.005	<0.0001
体積抵抗率〔Ω·m〕	10^{18}	10^{20}	10^{13}〜10^{16}	10^9〜10^{18}	10^{20}	>10^{20}
絶縁破壊の強さ*〔MV/m〕	120	110	60〜70	200	130	40〜80

＊ 127 μm フィルムでの測定値．ただしポリスチレンは 25 μm フィルムでの測定値

〔1〕　**ポリ塩化ビニル**　　ポリ塩化ビニルは，塩化ビニル単量体を重合させたもので，化学的に安定で，燃えにくく，絶縁特性は良好であるが，極性の大きい塩素を含んでいるため誘電率や誘電正接が大きい。このため，高電圧・高周波用の材料には不向きとされるが，低圧電線の絶縁材料として広く使用されている。

〔2〕　**ポリエチレン**　　ポリエチレンは，図 4.22 に示すように，エチレン

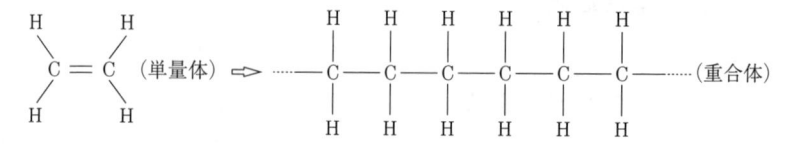

図 4.22　ポリエチレンの化学構造

の重合体であり,化学的に安定で,無極性で誘電率や誘電正接が小さく,しかも絶縁耐力も高く,すぐれた高分子絶縁材料である.絶縁材料として電力ケーブルをはじめ種々の用途に用いられている.

ポリエチレンの製造法は,**表4.7**に示すように,高圧法と中・低圧法に大別され,この製造法の違いによって分子の分岐構造や特性が異なる.**高圧法**は,過酸化物などのラジカル開始剤を用いて,温度150〜300℃,圧力100〜300 MPaでエチレンを重合させる方法であり,長鎖分岐(鎖状の長い分岐)を持った**低密度ポリエチレン**(**LDPE**)が得られる.低密度ポリエチレンは加工性がよく,電線・ケーブルの絶縁材料として広く用いられている.

表4.7 ポリエチレンの分類

名 称	分子構造	密度 〔Mg/m^3〕	融点〔℃〕	製造法
高密度ポリエチレン		0.94〜0.97	120〜140	中・低圧法
低密度ポリエチレン		0.91〜0.93	105〜120	高圧法
直鎖状低密度ポリエチレン		0.92〜0.94	120〜130	中・低圧法

一方,**中・低圧法**は,チーグラー触媒,またはフィリップス触媒などを用い,温度50〜250℃,圧力5〜20 MPaの重合条件下で重合させる方法で,**高密度ポリエチレン**(**HDPE**)が得られる.高密度ポリエチレンは分岐の少ない直鎖状の構造で,結晶性が高いが,融点が高く加工が難しい.絶縁材料としては電力ケーブルのシース用材料として使用されている.ポリエチレンの雷インパルス破壊強度は密度の増加とともに上昇することが知られているが,これは絶縁破壊の強さがポリエチレンの結晶構造と深い関わりを持っているからである.ポリエチレンを架橋し分子構造を網目構造としたものを**架橋ポリエチレン**という.架橋ポリエチレンは,電気的な特性はポリエチレンとほぼ同等であるが,分子構造が三次元的な網の目構造であるため,高温におけるヤング率が上昇し,耐熱変形性は向上する.また,融点を超える温度領域における絶縁破壊

強度がポリエチレンに比べて高い。架橋ポリエチレンはCVケーブルの絶縁材料として広く用いられている。

〔3〕 **ポリスチレン** スチレン単量体を重合したもので，耐水性，耐酸性，耐アルカリ性，耐油性が大きく吸湿性が小さいが，耐熱性は少なからず劣っている。しかしながら，高周波における誘電正接が小さいので，高周波回路向けの絶縁材料として用いられている。

〔4〕 **ポリエチレンテレフタレート** エチレングリコールとテレフタル酸の縮重合体で**PET**としてよく知られている。特に引張強さが大きく，耐熱性に富んでいる。良好な電気絶縁特性を有するが，部分放電による劣化に弱い。回転機のスロット絶縁，相間絶縁や，絶縁フィルムとして利用されている。

〔5〕 **ポリメチルメタクリレート** メタアクリル酸メチルエステルを重合させたもので，固く，透明で紫外線の透過率が大きい。有機ガラスとして光学的部品などに利用されている。

4.3.8 熱硬化性樹脂

縮重合反応によって生成された高分子物質は，加熱によって分子が網目状，あるいは立体的に結合し，固くて溶剤に溶けにくい物質に変わり，一度固まったものは再び熱しても柔らかくならず自由に成形加工することができない。このような性質を**熱硬化性**といい，この性質を持つ物質を**熱硬化性樹脂**という。熱硬化性樹脂としては，フェノール樹脂，ポリエステル樹脂，シリコーン樹脂，エポキシ樹脂などが挙げられる。おもな熱硬化性樹脂の諸特性を**表4.8**に示す。

表4.8 熱硬化性樹脂の諸特性

樹脂	密度 〔g/cm^3〕	線膨張率 $\times 10^{-5}$〔1/℃〕	体積抵抗率 〔Ω·cm〕	絶縁破壊強さ 〔kV/mm〕
シリコーン樹脂	1.265	1.5	10^{15}	22
フェノール樹脂	1.25〜1.30	2.5〜6.0	10^{11}〜10^{12}	12〜16
エポキシ樹脂	1.1〜1.4	4.5〜6.5	10^{15}〜10^{17}	16〜20
ポリエステル樹脂	1.1〜1.46	5.5〜10	10^{14}	15〜20

〔1〕 **フェノール樹脂** フェノール樹脂は，フェノール類とアルデヒド類の縮重合反応によって得られる代表的な熱硬化性樹脂であり，**図 4.23** に示すように三次元的な化学構造をなしている。通称**ベークライト**と呼ばれている。絶縁抵抗や誘電正接が大きいが，絶縁耐力が高いため絶縁板として広く利用されている。

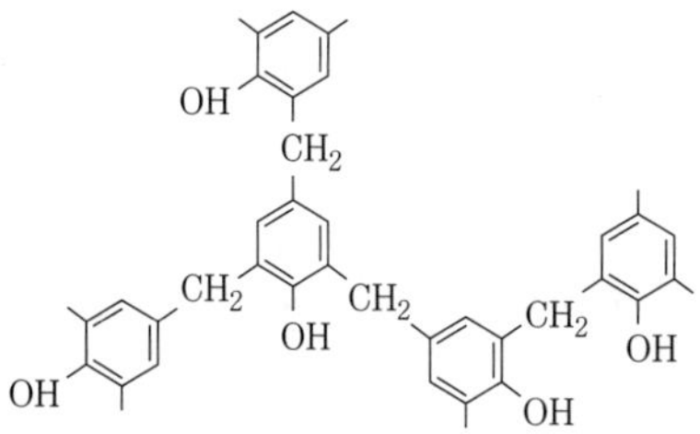

図 4.23 フェノール樹脂の化学構造

〔2〕 **エポキシ樹脂** エポキシ樹脂は，エピクロルヒドリンとビスフェノールの縮合反応によって得られる複雑な分子構造の樹脂で，分子鎖の両端にエポキシ基を有する。アミン化合物などの硬化剤を混合すると，さらに縮合反応が起こって硬化する。**図 4.24** にエポキシ樹脂の分子構造を示す。エポキシ樹脂のモールド成型品はがいし，ガス絶縁機器の導体支持用スペーサ，ケーブル接続部の絶縁ユニットなどに使用されている。また，樹脂中にガラス繊維を含浸させて硬化させた**繊維強化プラスチック（FRP）** は代表的な有機複合材料であり，高電圧機器の絶縁部品として利用されている。

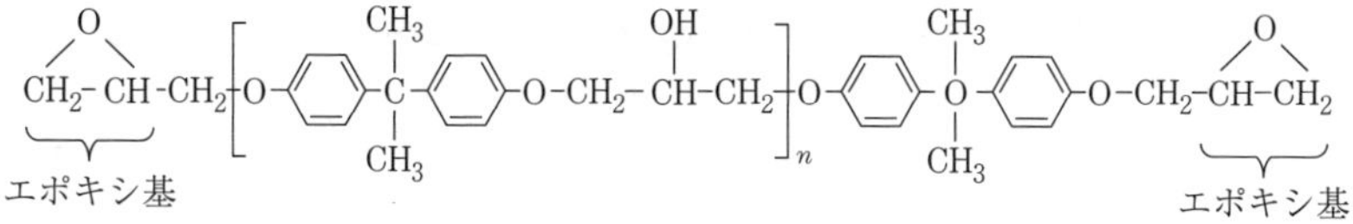

図 4.24 エポキシ樹脂の分子構造

4.3.9 合 成 ゴ ム

合成ゴムは，構造が天然ゴムに類似した弾性に富む高分子材料で，熱可塑性樹脂や熱硬化性樹脂とともに絶縁材料として重要なものが多い。**表 4.9** に絶

表4.9 絶縁材料用合成ゴムの特性

特性＼ゴム	クロロプレンゴム(CR)	ブチルゴム(IIR)	シリコーンゴム
比 重	1.23	0.92	0.98
高温使用限界温度〔℃〕	130	150	280
引張強さ〔MPa〕	>20	>14	<7
体積抵抗率〔Ω·cm〕	$10^{11} \sim 10^{12}$	$10^{15} \sim 10^{16}$	$10^{11} \sim 10^{15}$
比誘電率	6～8	2.1～2.4	3～5
誘電正接（×10^{-2}）	3	0.3	0.5
絶縁破壊の強さ〔kV/mm〕	16～28	24	—

縁材料として用いられている代表的な合成ゴムの特性を示す。

クロロプレンゴムは，燃えにくく，耐油性，耐摩耗性にすぐれている。高電圧ケーブルの外被に使用されている。ブチルゴムは，イソプレンとイソブチレンの共重合体であり，化学的に安定で絶縁特性にすぐれていることから，高電圧ケーブルの絶縁体として用いられたこともあったが，架橋ポリエチレンやエチレンプロピレンゴムに代替されたため，現在では用いられていない。シリコーンゴムは，シロキサン結合が主鎖となった耐熱性の良いゴムであり，200℃で長時間の使用に耐える実用的な材料も開発されている。耐寒性にもすぐれ，耐熱用電線や電線の接続部品の絶縁材料として用いられている。

4.3 各種の誘電/絶縁材料

┌─コーヒーブレーク─────────────────────────────

インバータサージ

　省エネルギーの推進や小型化ならびに高性能化の要求に伴い，電気機器や産業用モータなどで，高電圧によるインバータ制御が主流になってきている。このインバータ出力には反射波として，急峻な高電圧が重畳し，これが絶縁破壊を引き起こすために，モータの絶縁システムやモータに使用される巻線に悪影響を及ぼすことがよく知られている。この現象を**インバータサージ**，この現象による高電圧を**サージ電圧**と呼ぶ。この関係を**図**に示す。その際，インバータのパワーデバイスとして **IGBT** (insulated gate bipolar transistor) を使用したインバータ制御の高速スイッチング化に伴い，サージ電圧がさらに上昇し，特に 400 V 級モータでは早期に絶縁破壊してしまう頻度が高まっている。

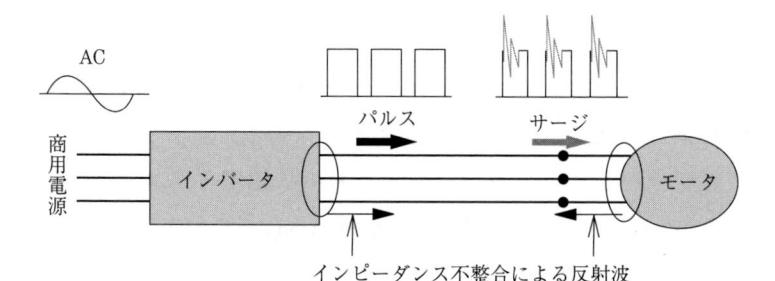

図　インバータサージの発生メカニズム

　この現象は，最近利用されるようになってきた EV（電気自動車），HEV（ハイブリッド自動車）の駆動モータにおいても発生するため，このサージ電圧による絶縁破壊，それに伴う劣化の防止を目的に，周辺回路の変更などのモータ設計でサージ電圧を下げる試みや，巻線絶縁に対して従来以上にインバータサージ特性にすぐれた巻線ケーブルの開発などが，電機メーカならびに電線メーカ各社で精力的に行われている。

5 磁気材料

5.1 磁気材料の基礎

5.1.1 磁気材料の巨視的性質

磁界の強さを H, **磁束密度**を B とするとき, 真空中では

$$B = \mu_0 H \tag{5.1}$$

となる。ここで, H と B の単位はそれぞれ A/m, T（テスラ, tesla）であり, μ_0 は真空の透磁率を表し, $\mu_0 = 4\pi \times 10^{-7}$ H/m である。

磁気材料が存在すると H によって材料中に**磁気モーメント**（magnetic moment）が現れ, その結果, **磁化**（magnatization）を生ずる。その場合, 磁気材料内部の磁束密度 B は, 材料自身の磁化 I の影響も加わり, 次式で表される。

$$B = \mu_0 H + I \tag{5.2}$$

さらに, 材料の**透磁率**（magnetic permeability）μ, **比透磁率** μ_r, および**磁化率**（magnetic susceptibility）χ を用いて次式が得られる。

$$\left. \begin{array}{l} B = \mu H = \mu_r \mu_0 H \\ I = \chi H \end{array} \right\} \tag{5.3}$$

式 (5.3) の関係より, 式 (5.2) は次式のように変形できる。

$$B = \mu_0 H + \chi H = (\mu_0 + \chi)H = \mu_r \mu_0 H = \mu H \tag{5.4}$$

以上のことから, 磁気材料における磁化や磁化率, 透磁率の違いが後述の材料の種類を決定する。

5.1.2 磁性の根源

磁性体は電気・電子材料の中で最も古くより利用されており,現在ではその用途は多岐にわたり,電気・電子産業界における中心的な材料の一つになっている。磁性体として代表的な磁石には,鉄やコバルトなどを引き付ける性質があり,この性質を**磁性**(magnetism)という。また,磁石でない物質も磁界の中に置くと磁性を示すようになり,これを**磁化**されたという。さて,このような磁性の根源はどこにあるのであろうか。

図5.1に示すように,一様な磁界Hの中に長方形コイル(辺の長さa, b)を置き,これに電流iを流すと,この電流は磁界から力を受け,その結果,長方形コイル全体は偶力†を受ける。このときの偶力のモーメントNは

$$N = \mu_0 H i a b \cos\theta \tag{5.5}$$

となる。ここで,θは辺PSと辺QRが磁界となす角である。また,コイルの辺で囲まれた面積は$S = ab$と与えられるので

$$N = \mu_0 H i S \cos\theta \tag{5.6}$$

となる。さらに,式(5.6)において

$$p_m = \mu_0 i S \tag{5.7}$$

と置くと,このp_mは長方形コイルに固有な物理量となり,これをコイルの**磁気モーメント**という。したがって,式(5.6)は次式のようにまとめられる。

$$N = p_m H \cos\theta \tag{5.8}$$

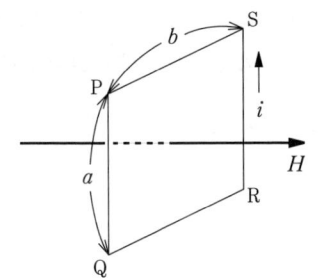

図5.1 長方形コイルを流れる電流と磁界

---

† 物体の異なる2点に作用する力で,大きさが等しく方向が反対で作用線が平行な一対の力であり,物体に回転運動を生ずる。

したがって，長方形コイルを流れる電流が磁界から受ける影響は，磁界の強さだけでなく，コイル自身の磁気モーメントにも左右されることになる。また，式 (5.8) はコイルの形が長方形でなくても成り立つ。

一般に，コイルを流れる電流（閉じた環状電流 i）は，**図 5.2** に示すように一つの棒磁石と等価に扱うことができ，これから議論する磁石が示す磁性および磁界内でのさまざまな磁気的現象の根源は電流にあるといえる。通常，電気的な現象における基本的な物理量が電荷であり，正負の電荷が存在する。磁気的な現象においては，それに対応するように，電荷に相当する**磁荷** m があり，電荷と同様に正負が存在する。しかし，磁荷は，電荷と異なり，単独では存在せずに必ず正負同量の磁荷が対になって現れる。そのため，磁気的な現象においては，これら正負の磁荷 $\pm m$ が作り出す磁気モーメントが基本的な物理量となる。

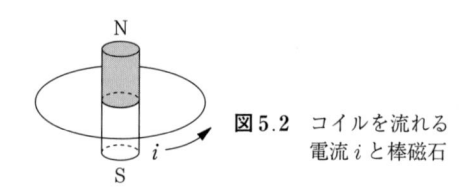

図 5.2 コイルを流れる電流 i と棒磁石

5.1.3 原子の磁気モーメント

種々の物質の示す磁性は，その物質を構成する原子の磁気モーメントに起因する。**図 5.3** に示すように電子は自転（スピン）しながら原子核の周りの軌道を回っている。電子は電荷（$-q$）を持つので自転に伴う**スピン磁気モーメ**

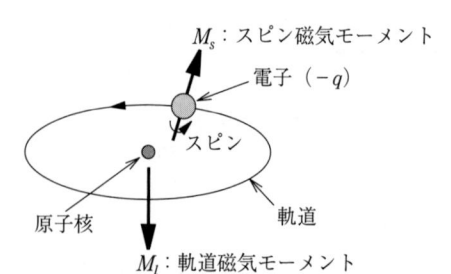

M_s：スピン磁気モーメント
電子（$-q$）
スピン
原子核
軌道
M_l：軌道磁気モーメント

図 5.3 電子の磁気モーメント

ント M_s と軌道運動に伴う**軌道磁気モーメント** M_l を持っている。M_l, M_s は量子化されており，その最小単位は**ボーア磁子** μ_B ($=1.17\times10^{-29}$ Wb·m) である。M_l は μ_B の正負の整数倍の値を，M_s は $\pm\mu_B$ の値をとることができる。原子核も自転しており磁気モーメントを持つが，電子の磁気モーメントに比べ非常に弱いので無視できる。

原子の全磁気モーメントは，各電子の M_l と M_s の量子力学的総和であり，充満軌道では相殺して総和は0，空席のある外殻軌道ではある値を示す。例えば，3d軌道に空席のある鉄，ニッケル，コバルト原子ではそれぞれ μ_B の4倍，3倍，2倍の磁気モーメントを示す。

5.1.4 磁性体の種類

磁性は，構成原子の磁気モーメントの配列によって**表5.1**のように分類される。

表5.1 磁性体の種類と特徴

大分類	小分類	磁気モーメントの配列	I-H特性	$I_s, 1/\chi-T$ 特性	磁性体
強磁性	フェロ磁性	→→→→ →→→→	I_s 曲線	I_s, $1/\chi$ vs T, T_C	Fe, Ni, Co これらの合金 Gd, Tb, Ho
強磁性	フェリ磁性	→←→←A →←→←B	I_s 曲線	I_s, $1/\chi$ vs T, T_N	フェライト Fe_3O_4 $CuOFe_2O_3$ など
反強磁性		→←→← →←→←	I 曲線	$1/\chi$ vs T, T_N	FeO MnO MnF_2
常磁性		ランダム	I 直線	$1/\chi$ vs T	Al, Cr, Mn, O_2
反磁性		スピンなし e	I (負の傾き)	$1/\chi$ (負) vs T	Cu, Ag, Au, He, Ne

5. 磁気材料

〔1〕**強 磁 性**　強磁性はフェロ磁性 (ferromagnetism) とフェリ磁性 (ferrimagnetism) に大別され，これらの性質を示す物質を**強磁性体** (ferromagnetic material) という。各原子の磁気モーメントは，ほとんどスピン磁気モーメントからなる。

フェロ磁性体では，原子の磁気モーメントは一方向にそろっており，外部磁界がなくても自発的に飽和磁化 I_s に磁化している。この意味で，I_s を**自発磁化** (spontaneous magnetization) ともいう。磁気モーメントが平行にそろうのは，量子力学的な交換力†のためであるが，温度上昇とともに熱じょう乱が増し，平行性が乱れ，ついにある温度で自発磁化が消滅する。この温度を**キュリー** (Curie) **温度** T_C という。単一元素では，鉄，ニッケル，コバルトがよく知られているが，Gd，Tb など希土類元素でフェロ磁性を示すものも多い。

フェリ磁性体では，二つの格子点 A，B における磁気モーメントが反平行でそれらの差に等しい自発磁化を示す。フェロ磁性と同様，温度上昇とともに自発磁化が減少し，ある温度で消滅するが，このときの温度を**ネール** (Néel) **温度** T_N という。このネール温度以上では，常磁性体のように振る舞うが，磁化率の逆数 $1/\chi$ の温度変化がフェロ磁性のように直線でなく湾曲している。フェリ磁性体の代表例は**フェライト**である。

〔2〕**常 磁 性**　物質を構成する原子が磁気モーメントを持っていても，これらの磁気モーメントの間に相互作用がほとんどない場合に**常磁性** (paramagnetism) を示す。各原子は物質の温度に応じた熱振動を行っているが，このとき各原子の磁気モーメントはさまざまな向きをとることになる。したがって，外部磁界がないときにはこれらの磁気モーメントはたがいに打ち消し合うことになり，全体として磁化は 0 を示す。そして，外部磁界が印加されると各磁気モーメントはこの磁界方向にそれぞれの向きをそろえようとして，その結果全体として磁化を生じる。

いま，単位体積内の原子の数を N，各原子の磁気モーメントを M とすると，

---

† 2個の素粒子（この場合は電子）がたがいに位置座標・スピン・電荷を交換する形をとって作用し合う形で生じる，量子力学に特有な力である。

外部磁界 H のもとでの物質の磁化 I は

$$I = NM\left(\frac{e^{\alpha}+e^{-\alpha}}{e^{\alpha}-e^{-\alpha}} - \frac{1}{\alpha}\right) \tag{5.9}$$

と与えられることが知られている。ここで，$\alpha = MH/kT$（k：ボルツマン定数，T：物質の温度）である。通常，α は 1 に比べて十分に小さいので（$\alpha \ll 1$），式 (5.9) は

$$I \approx \frac{NM}{3}\alpha = \frac{NM^2}{3kT}H \tag{5.10}$$

と近似できる。つまり，常磁性を示す物質の磁化 I は外部磁界 H に比例する。また，式 (5.10) において

$$\chi = \frac{NM^2}{3kT} \tag{5.11}$$

と置くと，磁化率 χ は T と反比例の関係にあり，この関係を**キュリーの法則**（Curie's law）という。χ と T の関係を図示すると**図 5.4** のようになる。

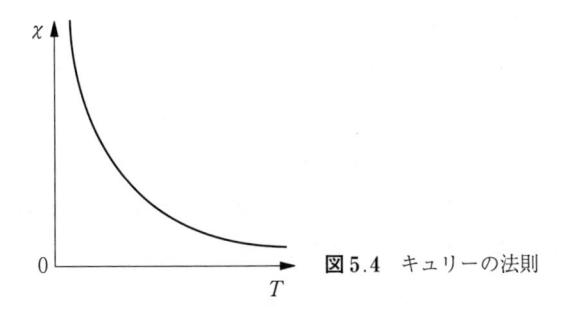

図 5.4 キュリーの法則

〔3〕**反強磁性**　物質内で隣接する原子の磁気モーメントが，たがいに逆向きに配列している場合に**反強磁性**（antiferromagnetic）を示す。この場合，物質全体の磁化は 0 となり自発磁化を持たない。一見，常磁性のように振る舞うが，反平行の配列を引き起こす強い相互作用のために，かなり高温まで秩序配列を保っている。

また，反強磁性体の磁化率は，ネール温度 T_N 以下の温度領域では，温度の増加に伴って秩序配列の乱れが大きくなるために磁化率も大きくなり，T_N で

完全に秩序配列が消失して磁化率は最大となる。そして，T_N を超えると常磁性と同様な変化を示す。

〔4〕 **反 磁 性**　5.1.2項で述べたように，電子の軌道運動は環状電流として扱うことができ，これによって磁気モーメントが生じる。外部磁界を印加すると磁束の変化による誘導起電力，および磁界からの力によって電子の軌道運動は変化し，その結果，磁気モーメントにも影響を与えることになる。具体的には，外部磁界と逆向きに磁気モーメントの変化が起こる。いい換えれば，磁界と逆向きに磁化を生じることになり，このような磁性を**反磁性**（diamagnetism）という。このとき，反磁性の磁化率は負となり，その値は 10^{-5} 程度で非常に小さいため，実用的価値はほとんどない。なお，超伝導体（2.1.8項参照）は**完全反磁性**（superdiamagnetism）の特性を示す。外部磁界を印加することによって，超伝導体内部から磁界が完全に排除され，その結果，内部磁界がゼロとなる。

5.1.5　磁区と磁化

〔1〕 **磁　　区**　強磁性体においては，磁界がなくても自発磁化 I_s を有している。そのため，5.1.6項で述べる磁化曲線に見られる磁化 I が複雑な変化をする。その理由は，強磁性体の内部が多数の領域，すなわち**磁区**（magnetic domain）に分かれているからである。強磁性体の表面を百倍ほどに拡大すると，**図 5.5** のように細かな領域に分かれているのがわかる。

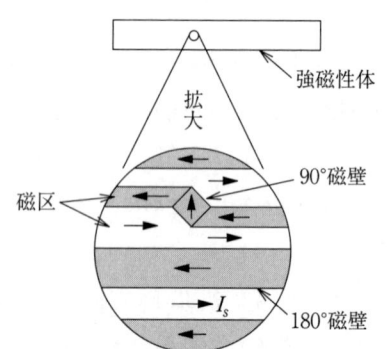

図 5.5　強磁性体の磁区と磁壁

この細かな領域のおのおのが磁区を表す。各磁区内の磁化は，自発磁化I_sを持つが，その方向が各磁区で異なっている。測定する磁化の強さIは，各磁区の磁化のベクトル和であるので，各磁区の体積が変化すれば，Iは0にも正，負にもなり得る。磁区の分かれ方，すなわち磁区構造を決定するのは，つぎに述べる磁気エネルギーである。

〔2〕 **磁気エネルギー** 強磁性体で生ずる磁気エネルギーとして，磁界による位置エネルギー，静磁エネルギー，磁気異方性エネルギー，磁気ひずみエネルギーが挙げられ，これらを順に述べる。

(1) **磁界による位置エネルギー** 磁界HがI_sとθをなす方向に印加されたとき，単位体積当り次式のような位置エネルギーを持つ。

$$E_H = -I_s H \cos\theta \quad [\mathrm{J/m^3}] \tag{5.12}$$

(2) **静磁エネルギー** 強磁性体が磁化され飽和しているとき，すべての磁区での磁化はそろい，全体が一つの磁区（単一磁区構造）となる。このとき，図5.6に示すように，物質の外部はもちろんのこと内部にも磁界（反磁界H_D）が発生する。したがって，磁化された強磁性体は，ちょうど磁界内に磁石が置かれたときと同じ状態にあるので，磁気的な位置エネルギーを持つことになる。これを**静磁エネルギー**といい，一般に次式のように示される。

$$E_m = \frac{1}{2\mu_0} N I^2 \quad [\mathrm{J/m^3}] \tag{5.13}$$

ここで，Iは磁化，Nは反磁界係数を表し，このNは磁性体の形状のみに依存する。

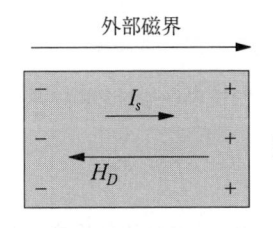

図5.6 一様に磁化された強磁性体

(3) **磁気異方性エネルギー**　強磁性体を磁化させるとき，磁化しやすい方向と磁化しにくい方向とがある。前者を**磁化容易方向**，後者を**磁化困難方向**という。このように磁化させる方向によって磁化の難易を示す性質を**磁気異方性**（magnetic anisotropy）といい，これはおもに強磁性体の結晶構造に関係している。例えば，鉄の単結晶の場合は，**図5.7**に示すように⟨100⟩方向に磁界をかけたときが最も磁化されやすく，⟨111⟩方向の場合が最も磁化されにくいことが知られている。また，ニッケルの場合は⟨111⟩方向が磁化容易方向，⟨100⟩方向が磁化困難方向になっている。

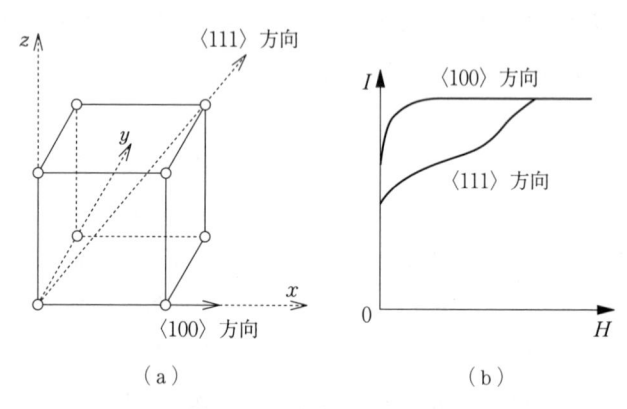

図5.7 Fe単結晶の磁化曲線

一般に，外部磁界がない場合には，強磁性体内部において自発磁化は安定な状態，つまりエネルギー的に最も低い状態をとるような方向を向いており，この方向が磁化容易方向となる。したがって，自発磁化を磁化容易方向からそれた方向に向けるためには余分なエネルギーが必要となり，その分だけ磁化が困難になる。この余分なエネルギーを**磁気異方性エネルギー**という。

例えば，コバルトのような一軸異方性の結晶における磁気異方性エネルギー E_a は次式で表される。

$$E_a = K \sin^2 \theta \quad [\mathrm{J/m^3}] \tag{5.14}$$

ここで，θ は I_s の方向が磁化容易軸となす角，K は**磁気異方性定数**である。

(4) **磁気ひずみエネルギー**　結晶格子を変形させると，磁気モーメント

間の距離が変化するので，磁化が変化する。逆に，強磁性体を磁化すると，寸法形状に変化が起こる。これを**磁気ひずみ**（magnetostriction）という。磁化方向のひずみ量が最大であって，これを**磁気ひずみ定数** λ_S で表すと，磁化に対する θ 方向のひずみ量（長さ l の変化率）は次式のように与えられる。

$$\frac{\delta l}{l} = \frac{3}{2}\lambda_S\left(\cos^2\theta - \frac{1}{3}\right) \tag{5.15}$$

ここで，λ_S は 10^{-5} 程度の無次元数で，鉄では正，ニッケルでは負になる。

自発磁化と θ をなす方向に張力 σ がかかっていると，次式のような磁気ひずみエネルギーが蓄えられる。

$$E_\sigma = -\frac{3}{2}\lambda_S\sigma\left(\cos^2\theta - \frac{1}{3}\right) \quad [\text{J/m}^3] \tag{5.16}$$

〔3〕 **磁　　壁**　　図 5.5 における磁区と磁区の境界を**磁壁**（magnetic domain wall）という。隣り合う磁区の自発磁化のなす角によって，**180° 磁壁**と **90° 磁壁**に分けられる。**図 5.8** に 180° 磁壁の構造を示す。

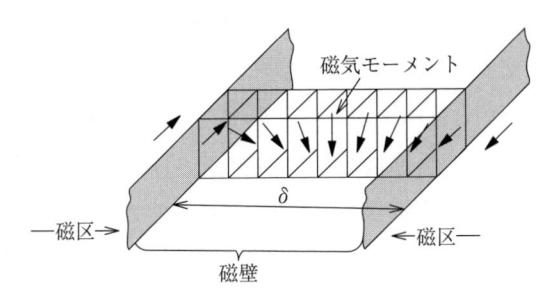

図 5.8　180° 磁壁の構造

磁気モーメントは，直ちに逆向きとなるのではなく，徐々に向きを変えて最終的に逆方向に向く。各磁区の自発磁化は，磁化容易方向にそろっており，異方性エネルギーから見れば，磁気モーメントがただちに逆向きになったほうが容易方向からのずれがなくて都合がよいが，一方，交換力は隣接磁気モーメントをなるべく平行に近づけようとするので，ある範囲にわたって，磁気モーメントの回転が起こる。このとき，磁壁の幅 δ は次式で与えられる。

$$\delta = \pi\sqrt{\frac{Js^2}{Ka}} \tag{5.17}$$

ここで，J は交換積分（交換力に関する定数）であり，s はスピン量子数，a は格子定数，K は磁気異方性定数である．

磁壁内では，磁気モーメントは容易方向からずれているので，エネルギーが高く，磁壁は単位面積当りつぎのようなエネルギー（これを**磁壁エネルギー**という）を持っている．

$$E_w = 2\pi\sqrt{\frac{Js^2}{Ka}} \quad [\mathrm{J/m^2}] \tag{5.18}$$

Fe では $\delta \fallingdotseq 4\times 10^{-8}$ m（150格子間隔分に相当），$E_w \fallingdotseq 1.1\times 10^{-3}\,\mathrm{J/m^2}$ である．

〔4〕**磁区構造**　上述のとおり，種々の磁気エネルギーや磁壁エネルギーが存在することが示されたので，磁性体を与えてどのような磁区構造が実現するか調べてみる．すべての自然現象と同様に全磁気エネルギーが最小になるような磁区構造が現れる．

具体的な磁区構造を考察するにあたり，**図5.9**のようなテープ状磁性体を考える．消磁状態では，磁界によるポテンシャルエネルギー $E_H = 0$ で，テープの長さが十分長いと静磁エネルギー E_m も 0 になり，磁気エネルギーは E_w だけになる．図(a)，図(b)はともに磁化の強さは0で，消磁状態に対応するが，図(b)では磁壁の面積が図(a)の2倍になるので，図(a)のような磁区構造が実現すると考えられる．

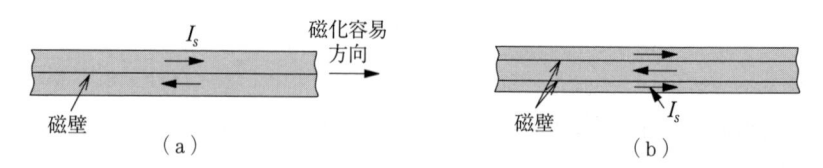

図5.9　テープ状磁性体の磁区構造（消磁状態）

つぎに，**図5.10**のような立方磁性体を考える．外部磁界はないものとする．図(a)は単総区構造で，端面の磁極による E_m が存在する．図(b)は，3枚の磁壁によって等分された場合で，表面磁極が正負入り混って E_m が低下する

5.1 磁気材料の基礎

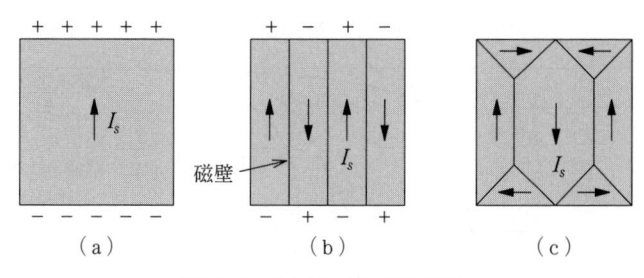

(a)　　　　　(b)　　　　　(c)

図 5.10　立方磁性体の磁区構造

が，磁壁エネルギーが加わる．図(c)は三角磁区によって磁路が閉じ静磁エネルギーが消滅するが，三角磁区の磁気ひずみによるエネルギーが加わる．どの形が実現するか，また磁壁の枚数がいくらになるかは全磁気エネルギーを求め，それらの値を比較して決めなければならない．大ざっぱに考えて，立方体の一辺の長さが小さく，磁壁の幅の程度になると図(a)が実現し，それ以上では図(b)または図(c)が実現する．立方晶で磁気ひずみ定数 λ_s が小さいときは，図(c)が現れやすく，一軸性のものでは図(b)の形をとりやすい．

5.1.6　強磁性体の磁化特性

〔1〕　**強磁性体の磁化曲線**　　一般的に，細長いソレノイドに電流を流し，磁界 H を発生させると，その中心で磁束密度 B は $\mu_0 H$ になる（μ_0：真空の透磁率）．このソレノイドの中へぴったりはまるような鉄の棒を挿入すると，鉄が磁界 H によって磁化され，ソレノイド内部の磁束密度 B は，磁化 I を用いて式 (5.2) で表される．このとき，鉄のような強磁性体では，H の変化に対して非線形な変化をする．図 5.11 は，強磁性体の磁界 H と磁化（の強さ）I の関係を示したもので，これを**磁化曲線**（magnetization curve）という．

消磁状態（$H=0$，$I=0$）から H を単調に増加していくと，I は A，B を経て C の**飽和磁化** I_s に達する．0A 部では，磁化は可逆的で H を 0 に戻せば，I は 0 に戻る．この部分を過ぎると，曲線は急激に立ち上り，拡大図に示すように不連続かつ不規則な変化をする．この現象を**バルクハウゼン効果**といい，これに伴う変化を**バルクハウゼンジャンプ**という．また，この領域では，磁化は非可

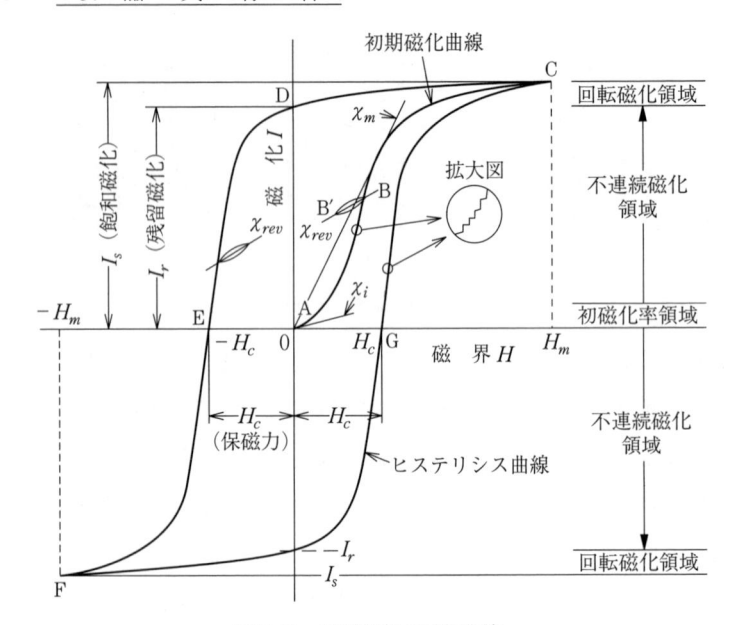

図5.11 強磁性体の磁化曲線

逆的で，H を一度減少したのちに元に戻したとき I は B → B′ → B のようにマイナーループ (minor loop) を描いて変化し，BA0 上を通らない．不連続磁化領域を過ぎ，磁化が飽和するまでの間に回転磁化[†]領域が存在する場合が多い．

つぎに，飽和状態から H を減少させると，I は CD 上を減少し，$H=0$ で 0D に相当する磁化が残る．これを**残留磁化** I_r (residual magnetization) という．さらに，H を負方向に増していくと，I は減少を続けて，やがて 0 になる．このときの磁界 0E を**保磁力** H_c (coercive force) という．曲線 DE は減磁曲線 (demagnetizing curve) と呼ばれ，後述の永久磁石材料で重要な曲線である．さらに，H を負方向に増していくと，I は EF に沿って変化し，最終的に負方向に飽和する．H を再び正方向に変化させると，I は FGC と変化する．CDEFGC の 1 周の曲線を**ヒステリシス曲線** (hysteresis loop) という．正負対称な磁界で磁化したときヒステリシス曲線は原点に関し対称とみなされる．曲線 0ABC

[†] 磁区の磁化構造が回転していくこと．詳細は専門書を参照されたい．

は，磁化の最初に1回通るだけで，**初期磁化曲線**（initial magnetization curve）という。

強磁性体の磁化特性を表す量として，I_s，I_r，H_cのほかに種々の磁化率が存在する。初磁化率χ_iは，0Aの傾斜で磁性体を微小振幅で動作させるときに重要な値である。全磁化率χ_tは原点0から初期磁化曲線の各点へ引いた直線の傾斜I/Hであり，特に接線で示される最大磁化率χ_mは，軟磁性材料では重要である。さらにB-B'の傾斜を**可逆磁化率**χ_{rev}，磁化曲線の各点の傾斜dI/dHを**微分磁化率**χ_{diff}と呼んでいる。**図5.12**に磁化率の変化の様子を示す。図(a)は初期磁化曲線上の磁化率を示し，いずれもχ_iから出発する。図(b)はヒステリシス曲線上のχ_{diff}でHの増減に対し，矢印のように変化し，ほぼ$\pm H_c$で極大値を示す。

(a) 初期磁化曲線上の磁化率の変化

(b) ヒステリシス曲線上の微分磁化率

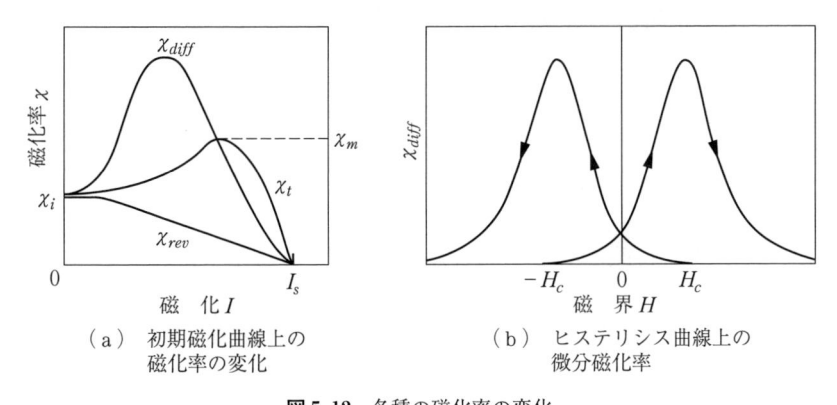

図5.12 各種の磁化率の変化

磁化Iの代わりに磁束密度Bを用いて磁化特性を表すことも広く行われている。高透磁率材料では，$\mu_0 H$がI_sに比べ無視できるので（ほぼI_sの0.1%以下），I-H特性とB-H特性は事実上同一とみなされる。ただし，B-H特性で論ずるときは，磁化率の代わりに透磁率μを用いなければならない。一般に

$$\mu = \mu_0 + \chi \tag{5.19}$$

である。次式のように，μ_0との比をとり，**比透磁率**μ^*，**比磁化率**χ^*を使うことが多い。

$$\mu^* = \left(\frac{\mu}{\mu_0}\right) = 1 + \left(\frac{\chi}{\mu_0}\right) = 1 + \chi^* \tag{5.20}$$

なお,高保磁力材料では,$\mu_0 H$ は I_s とほぼ同じ大きさになるので,I-H 特性と B-H 特性は厳密に区別しなければならない。

〔2〕 **ヒステリシス損** いま,磁性体を磁化させるのに必要な仕事を考えてみる。外部磁界 H のもとで磁化が I から $I+\Delta I$ まで変化するとき,磁界がする仕事 ΔW は

$$\Delta W = \Delta I H \tag{5.21}$$

で与えられる。したがって,磁化が I_1 から I_2 まで変化するときの全仕事 W は

$$W = \int_{I_1}^{I_2} H dI \tag{5.22}$$

となり,これは**図 5.13** の網かけ部分の面積である。

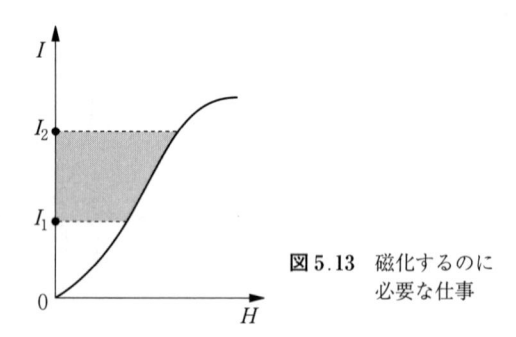

図 5.13 磁化するのに必要な仕事

なお,この仕事 W の一部は磁性体内部の位置エネルギーを高めるのに使われ,残りは熱エネルギーの形で消費される。強磁性体の場合,ヒステリシス曲線に沿って磁化される間になされる仕事はこの曲線で囲まれた面積に相当し,これはすべて熱エネルギーとして放出される。このエネルギーを**ヒステリシス損**(hysteresis loss)という。

〔3〕 **渦電流損** 強磁性体に交流磁界を印加すると,物質内部に磁束の変化に伴う渦電流(誘導電流)が生じる。この渦電流によるジュール熱の発生は一種のエネルギー損となり,これを**渦電流損**(eddy-current loss)という。

例えば，板状試料の場合，単位時間での単位体積当りの損失 W_e は

$$W_e = k\frac{f^2 D^2 B_m^2}{\rho} \tag{5.23}$$

と与えられる。ここで，k は定数，D は板状試料の厚さ，f は周波数，B_m は最大磁束密度，ρ は抵抗率である。したがって，渦電流損を小さくするためには D を薄くし，ρ の大きな材料を用いればよい。

〔4〕**残　留　損**　　強磁性体材料での損失として，ヒステリシス損ならびに渦電流損のほかに残留損がある。これは磁化の遅れや磁気モーメントの共鳴などによって生ずる。この損失は，低磁束レベルやフェライトを高周波で使用するときに顕著になる。

このとき，強磁性体での損失として，すでに述べたヒステリシス損，渦電流損，残留損，これら三つの損失からなる損失を**鉄損**（iron loss）という。これは磁性体材料の鉄心にコイルを巻いて交流で磁化した際に失われる電気エネルギーを表す。この鉄損は，コイルの導線の抵抗によって失われる電気エネルギーである**銅損**（copper loss）と同様，電動機や発電機，変圧器などの電気機器の効率を低下させる。1 サイクル当りの鉄損の周波数による変化は**図 5.14** のようになり，周波数の増加とともに著しく増加する。

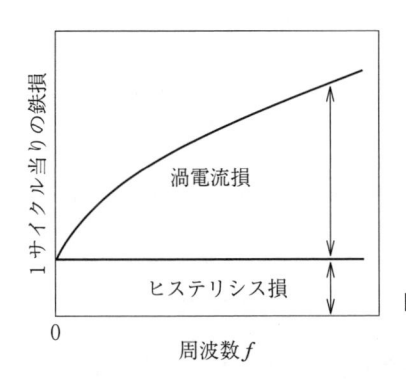

図 5.14　鉄損の周波数による変化

5.2 各種の磁気材料

5.2.1 高透磁率材料

高透磁率材料とは,弱い磁界(数百 A/m 以下)で大きい磁束密度が得られるような強磁性材料のことで,**軟質磁性材料**(soft magnetic material)ともいわれる。

〔1〕 **高透磁率材料に要求される性質**　高透磁率材料として必要とされる材料物性は,つぎのとおりである。

(1) **飽和磁束密度 B_s を大きくすること**　I_s を大きくするには,1原子当りの磁気モーメントを大きくすることが必要である。**図 5.15** は,強磁性合金1原子当りの磁気モーメントの変化を示す**スレータ・ポーリング**(Slater-Pauling)**曲線**で,これより Fe,Fe-Co 合金,Fe-Ni 合金などで大きい磁気モーメントが得られることがわかる。

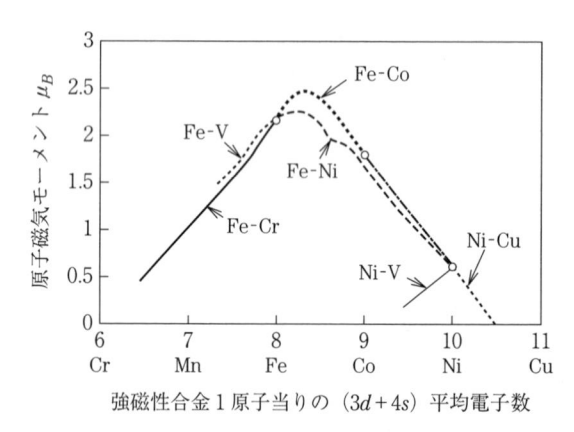

図 5.15　スレータ・ポーリング曲線(強磁性合金の磁気モーメント)

(2) **保磁力を小さく透磁率を大きくすること**　高透磁率材料の磁化機構は,主として磁壁移動によっている。磁壁移動を容易にするには,磁気異方性定数 K,磁気ひずみ定数 λ_s を小さくするとともに,不純物や欠陥を少なくし

内部応力を小さくする。K, λ_s は合金の組成によって変えられ，不純物や内部応力は原材料の精製，水素中熱処理などによってとり除くことができる。

（3）損失を小さくすること　鉄心を直流で使用するときは，励磁電流による銅損が唯一の損失であるが，交流で用いるときはこの他に鉄損（5.1.6項参照）も加わるため，この損失を小さくする必要がある。

〔2〕**鉄　と　鋼**

（1）純　　鉄　純鉄の磁性は，炭素，リン，酸素，硫黄などの微量な不純物によって大きく影響される。**図5.16**は純度99.9%の商用純鉄および真空溶解と熱処理で純度を99.99%に向上させたものの磁化特性で，最大比透磁率は6 000から60 000に上昇し，保磁力は80 A/mから8 A/mに減少している。純度のよい鉄としては，電気分解による電解鉄や$Fe(CO)_5$の熱分解によりつくられるカーボニル鉄などがある。

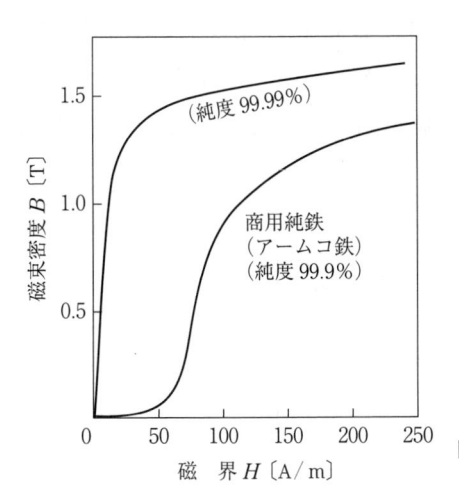

図5.16　純鉄の磁化特性

一般に，純鉄は飽和磁束密度が2.2 Tと高く，保磁力は商用純鉄で160 A/m以下であるが，体積抵抗率が低く，鉄損が大きいが安価である点が注目されてよく用いられる。

（2）鋼　炭素を0.1～0.5%含んだ炭素鋼では，純鉄よりも透磁率が低下し，保磁力が大きくなるが，機械的強度が増すので，高速回転機の回転子な

どに用いられる。

〔3〕 **ケイ素鋼**　鉄にシリコンを加えたケイ素鋼は，純鉄に比べ，磁気特性がすぐれ，かつ安定なうえ，比較的安価であるのでほとんどすべての電気機器に用いられ，最も多量に生産されている磁性材料である。普通，厚さ 0.2〜0.5 mm の板または帯として製造されているケイ素鋼板は，適当な形に打ち抜かれたり切断され，積層して用いられるので，表面に絶縁被膜を施した形で市販される。加工時のひずみにより，磁気特性が劣化するので，組立後 800℃ 付近で熱処理を行うことが多く，絶縁被膜は，この温度に耐えられるよう無機質のリン酸塩などが用いられる。

（1）　**無方向性ケイ素鋼**　磁化容易方向が無秩序に並んだケイ素鋼で，熱間圧延によるものと冷間圧延によるものとがある。前者は 900℃ 付近で圧延されたものであり，後者は 250℃ で冷間圧延後熱処理によって結晶方位を無秩序にしたものである。磁化特性を**図 5.17** に示す。磁気特性は冷間圧延ケイ素鋼のほうが若干優れているうえ，表面がなめらかで占積率がよく，長い鋼帯が作れ，連続打抜きができるので，最近ではほとんど冷間圧延ケイ素鋼が用いられるようになった。

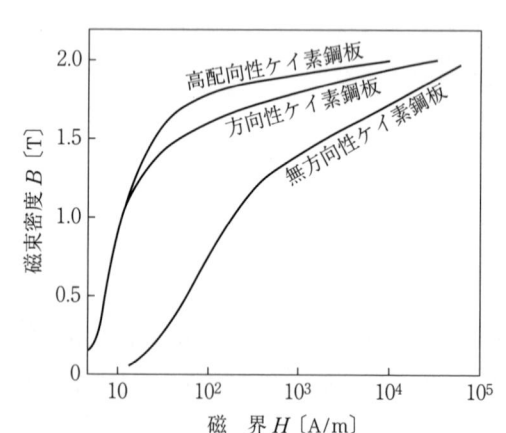

図 5.17　ケイ素鋼の直流磁化特性

（2）　**方向性ケイ素鋼**　単結晶や方位のそろった多結晶の鉄心では，B-H 特性は角形になり，B_s 近傍まで容易に磁化できる。1935 年に Goss は，冷間圧

延と適当な熱処理の組合せで圧延方向に磁化容易方向のそろった方向性ケイ素鋼の製造に成功した。これは，厚板 (2.5 mm) を900℃で熱処理後約1 mmまで冷間圧延を行い，900℃で再熱処理後0.3 mmまで冷間圧延し，最後に1 100℃で熱処理を行ったものである。直流磁化特性は，**図5.17**のように，無方向性のものに比べて曲線の立上りが急峻で，かつ飽和に達するのも早い。最大比透磁率は，無方向性の3 000程度に比べ方向性のものでは50 000に達する。高配向形は，最近わが国で開発されたもので，圧延，熱処理の改良により磁化容易方向からのずれを小さくし，かつガラス質の絶縁被膜を用い，圧延方向への張力効果によりうず電流損失を小さくしたもので，特に高磁束密度における特性の向上が顕著である。最大比透磁率は80 000，保磁力5 A/mのものがつくられている。方向性ケイ素鋼の性能向上は，磁気ひずみによる騒音軽減，使用最大磁束密度の向上による省資源の点からみても重要である。

〔4〕 **鉄・ニッケル合金（パーマロイ）**　鉄・ニッケル合金は，比透磁率が高い代表的な高透磁率材料である。鉄−ニッケル二元合金およびこれに他の金属を加えた合金は，**パーマロイ**と総称される。**表5.2**に種々の鉄・ニッケ

表5.2　鉄・ニッケル合金の磁気特性

名称	組成〔%〕			μ_i^*	μ_m^*	B_s 〔T〕	H_c 〔A/m〕	ρ 〔$\mu\Omega\cdot$m〕		固有名を持った同種の材料
	Fe	Ni	その他							
78パーマロイ	21.5	78.5	−	1×10^4	1×10^5	1.1	4	0.16	600℃から急冷	
Mo-パーマロイ	17.7	78.5	Mo 3.8	3×10^4	2×10^5	0.87	4	0.55	徐冷にて可	Cr-パーマロイ (Cr3.8, Ni78.5, のこり Fe)，パーマロイ C, Mu-metal (Cr2, Cu5, Ni75, のこり Fe)
スーパーマロイ	16.0	79	Mo 5	10^5	7×10^5	0.8	0.4	0.6	真空溶解 1 300℃より H_2中冷却	センパーマックス Ultraperm
50パーマロイ	50	50	−	5×10^3	5×10^4	1.6	2.4	0.45	600℃から急冷	Hipernik Nicaloi
45パーマロイ	55	45	−	3×10^3	5×10^4	1.5	8	0.45	1 200℃ H_2中冷却	パーマロイ B
36パーマロイ	63.7	36	Mn 0.3	2×10^3	2×10^4	1.5	30	0.75	1 050℃ H_2中冷却	パーマロイ D
異方性 50パーマロイ	50	50	−	5×10^2	5×10^5	1.5	8	0.4	冷間圧延 磁界中冷却	Deltamax, Permenorm 5 000 z, センデルタパーマロイ E

ル合金の磁気特性を示す。

　鉄-ニッケル二元合金の最大比透磁率および初比透磁率は，**図5.18**に示すように，高温からの冷却の仕方により著しく変化する。特に，急冷法では，ニッケル78％において鋭いピークを示す。

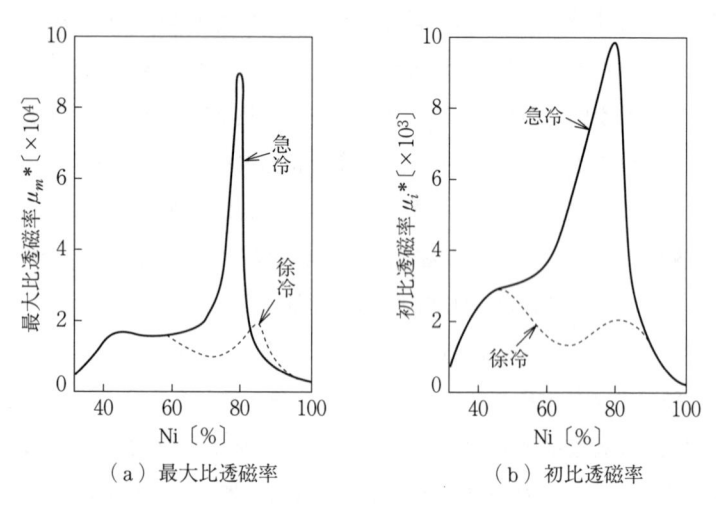

図5.18 Fe-Ni二元合金の比透磁率
(a) 最大比透磁率
(b) 初比透磁率

　この組成で高い比透磁率を示す理由は，**図5.19**(a)のように急冷時の磁気異方性定数Kがニッケル78％付近で0を通り，磁気ひずみ定数$\lambda=0$の条件も

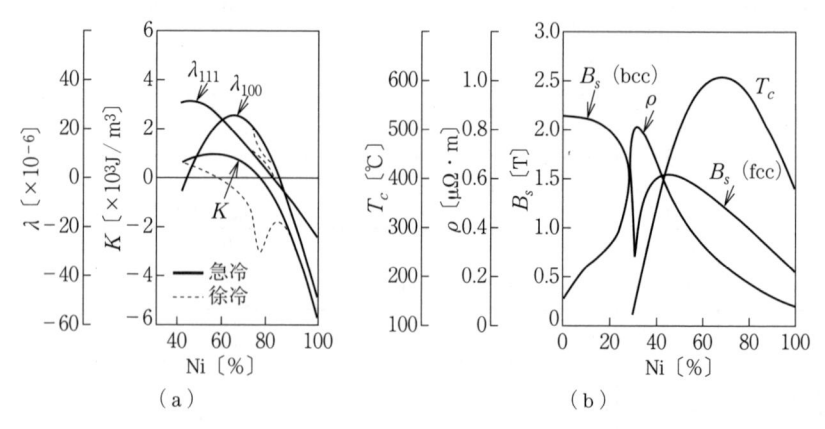

図5.19 鉄-ニッケル二元合金の磁気特性の変化

ほぼ満足されているためである。Kが0になるのは，急冷によりNi_3Fe規則格子の生成が抑制されるためと考えられている。しかし，78％パーマロイは，図（b）のように，抵抗率ρが低く，上述のような特殊な熱処理を必要とするので，これにモリブデン（またはクロム）を加えたモリブデン（クロム）パーマロイが開発された。これはρも高く急冷でも高い比透磁率を示す。

スーパーマロイは，モリブデンパーマロイと類似の組成であるが，真空溶解により，原材料の純度を高め，1 300℃水素中で熱処理したもので，最大比透磁率10^6，保磁力$H_c = 0.4$ A/mという最高級の磁気材料である。飽和磁束密度B_sが0.8 Tと低いのが欠点である。図5.20にスーパーマロイの直流および交

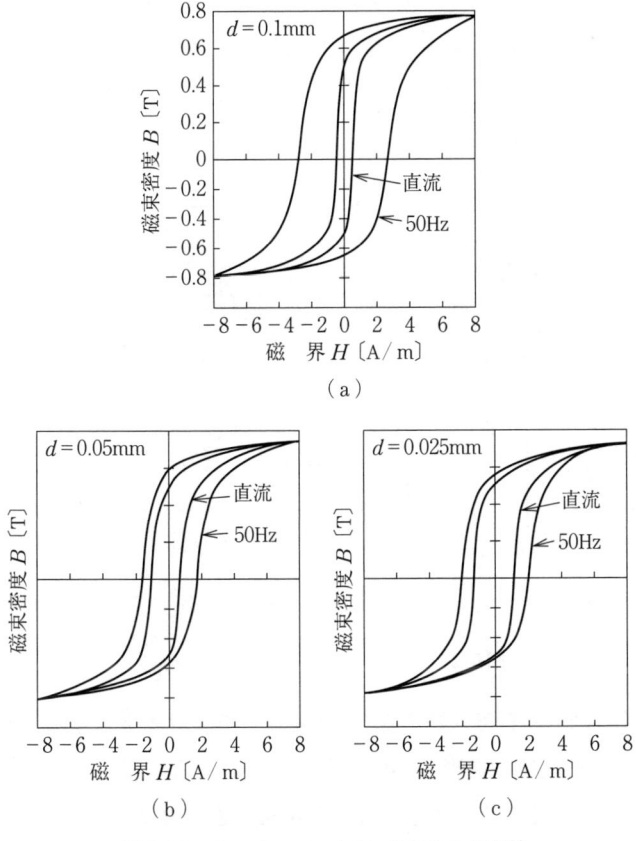

図5.20 スーパーマロイのヒステリシス曲線

流（50 Hz）でのヒステリシス曲線を示す．厚さが薄くなるほど交流特性はよくなるが，直流での保磁力 H_c が増す傾向がみられる．これは，ほかの材料についても同様である．

一般に，パーマロイはひずみによって磁気特性が著しく劣化するので，巻鉄心または環状に打抜き後に熱処理を行い，ベークライト製のケースにシリコーングリスなどとともに封入して用いることが多い．

〔5〕 **フェライト** フェライト（ferrite）は，金属鉄心に比べて飽和磁束密度 B_s は小さいが，抵抗率 ρ が $10^7 \sim 10^9$ 倍も高く，渦電流損が無視できるので，高周波での使用に適している．

最も多く用いられているのは**スピネルフェライト**（spinel ferrite）で，分子式 MFe_2O_4（M は 2 価の金属）で表され，図5.21（a）に示すように，8分子で一つの単位格子をつくり，M^{2+}，Fe^{3+} イオンは図（b）のように二つの異なった位置（A 位置と B 位置）をとる．

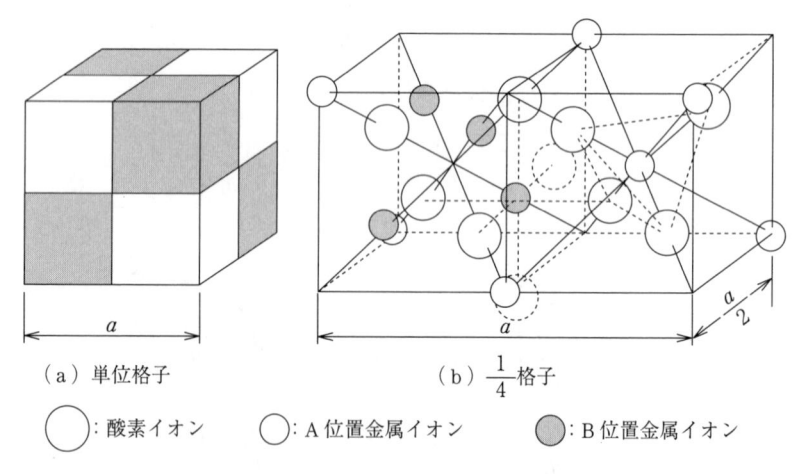

（a）単位格子　　（b）$\frac{1}{4}$格子

◯：酸素イオン　　◯：A 位置金属イオン　　●：B 位置金属イオン

図5.21 スピネルフェライトの結晶構造

フェライトは，原料酸化物の混合 → 焼成（フェライトになる）→ 粉砕 → 粘結剤と混和 → 圧縮・成形 → 焼結の順で製造される．

異種のフェライトを適量混合すると**飽和磁束密度** B_s が上がり，磁気異方性

定数 K や磁気ひずみ定数 λ を小さくできるので,現在用いられているフェライトは,表 5.3 に示すように,ほとんど複合フェライトである.

表 5.3 複合フェライトの磁気特性

フェライト	μ_i^*	I_s [T]	H_c [A/m]	$\tan\delta/\mu_i^*$ ($\times 10^{-6}$)	T_c [℃]	ρ [$\Omega\cdot$cm]
MnZn	1.5×10^4	0.55	2.4	10 (10 kHz)	100	2
MnZn	7×10^3	0.4	5.0	3 (10 kHz)	120	8
MnZn	3×10^3	0.49	12	4 (10 kHz)	200	5
MgMn	5×10^2	0.22	24	5 (200 kHz)	160	10^3
CuZn	5×10^2	0.29	40	4 (300 kHz)	160	10^3
NiZn	4×10	0.26	560	70 (10 MHz)	400	10^5
NiZn	15	0.3	440	200 (100 MHz)	500	10^5

5.2.2 永久磁石材料

〔1〕 **永久磁石材料として必要な性質**　永久磁石材料として要求される一般的な性質を列挙すると,以下のようになる.

① 永久磁石材料の**最大エネルギー積** $(BH)_{\max}$ が大きいこと.

$(BH)_{\max}$ とは,永久磁石によって空隙に作られる磁束密度 B と磁界 H の積からなる磁界エネルギーの最大値を表し,永久磁石の性能を表す重要な指標である.図 5.22 に,減磁曲線(横軸を磁界の強さ H,縦軸を磁束密度 B とした際の磁化曲線における第二象限部分)とエネルギー積 BH の関係を示す.H_{CB} は磁束密度 B をゼロにする保磁力を表す.この図から,減磁曲線上の点 P(磁界 H,磁束密度 B)でエネルギー積が最大値 $(BH)_{\max}$ をとることを示している.

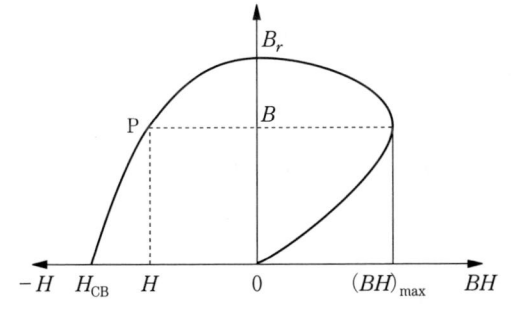

図 5.22 減磁曲線とエネルギー積の関係

この最大エネルギー積 $(BH)_{max}$ を大きくするには,残留磁束密度 B_r および保磁力 H_c が大きいことが必要である。

② 材料の磁気特性が安定であること。

外部磁界,温度変化,機械的衝撃などによる磁性の変化を抑制するためには,大きな保磁力 H_c が必要である。永久磁石モータで弱め界磁制御を行う場合や,車載用機器のように高温で使用される場合には,それぞれ外部磁界および温度変化による減磁が問題になる。材料の組織が安定で,経時変化(経時劣化)が少ないことも重要である。磁気回路のパーミアンス係数[†]が小さいほど,また使用温度が高いほど,経時変化は大きくなる。

③ 機械的性質が良好であること。

粘り強く,鍛造,成形,切削などの機械加工が容易である。また,なるべく軽い(密度が低い)ことも重要である。

④ 熱処理が容易であること。

焼入れや焼戻しなどが容易で,熱処理によって材料に欠陥を生じないことが要求される。

⑤ 廉価であること。

以上のような条件を,できるだけ満足するような材料が好ましいが,使用目的によって必要とされる条件に軽重の差があり,それぞれ異なる選定基準によって,材料を評価しなければならない。

〔2〕 **焼入れ硬化形磁石材料** 鉄を主体とする合金を高温の γ 相(面心立方晶)領域から焼き入れると,マルテンサイト組織に変態し,それに伴って,合金内部に応力分布が生じる。この応力が,磁壁移動に要するエネルギーを高め,保磁力 H_c の増大につながる。

この種に属する永久磁石材料は最も古く,**炭素鋼**,**タングステン鋼**,**クロム鋼**,**KS鋼**,**コバルトクロム鋼**などがある。おもな材料の磁気特性を**表5.4**に示す。KS鋼は,1916年に本多光太郎と高木弘によって発明された磁石鋼で,

---

[†] 磁気回路および磁石の形状から決まる係数のこと。

5.2 各種の磁気材料

表 5.4 焼入れ硬化形磁石材料の磁気特性

材料	成分（残部 Fe）〔%〕	使用開始年	保磁力 H_c 〔kA/m〕	残留磁束密度 B_r 〔mT〕	最大エネルギー積 $(BH)_{max}$ 〔kJ/m³〕
W 鋼	W；6，C；0.7，Mn；0.3	1885	5.15	1 050	2.39
低クロム鋼	Cr；0.9，C；0.6，Mn；0.4	1916	3.98	1 000	1.59
高クロム鋼	Cr；3.5，C；1，Mn；0.4	1916	5.15	950	2.39
KS 鋼	Co；36，W；7，Cr；35，C；0.9	1917	18.2	1 000	7.16
コバルトクロム鋼	Co；16，Cr；9，C；1，Mn；0.3	1921	14.3	800	4.77

従来のタングステン鋼に比べて 3 倍の保磁力を有し，当時としては世界最強であった。現在においても，この形の磁石鋼としては最高の特性を示している。KS とは，多額の研究費を寄付した住友吉左衛門の頭文字である。

この種の永久磁石は，経時変化が大きく，さらにすぐれた特性の磁石が出現したことなどから，現在ではあまり使用されなくなった。

〔3〕 **析出硬化形磁石材料** この種の材料は，高温から急冷することによって過飽和の固溶体を作製し，これを焼き戻すことによって第二相を微結晶として析出させる。安定であり，良好な磁気特性を示す。

（1） **アルニコ磁石** 1931 年に三島徳七によって発明された MK 鋼 (Fe-Ni-Al-Co，MK は養家の三島家と生家の喜住家の頭文字)，1933 年に本多らによって発明された NKS 鋼または新 MK 鋼 (Fe-Ni-Ti-Co) を基に発達したアルミニウム，ニッケル，コバルトを主成分とする鉄系合金磁石である。アルニコの命名は，主要 3 成分にちなんでいる。つぎに述べる加工性磁石とともに，一般に鋳造法で作製されるので**鋳造磁石**ともいわれる。

アルニコ系材料の製造過程は，原料を溶解，鋳造したのち 1 200℃で固溶化，900℃前後からの空冷または磁界中冷却，550〜650℃における時効化（エイジング）からなっている。900〜700℃の間を 0.1〜2 K/s の速度で冷却すると，鉄，コバルトに富む強磁性相と，ニッケル，アルミニウムに富む弱磁性相とに分離し，等方的な磁石となる。120 kA/m の磁界中で冷却すると，強磁性相の

〔100〕軸が磁界方向に成長し，その長軸は数十～100 nm，短軸は数～10 nmとなり，磁界方向に特性のすぐれたいわゆる異方性磁石になる．アルニコ磁石は，析出相が単一磁区構造をつくっているために保磁力が高く，また，析出相が伸長すると，長軸方向と短軸方向における反磁界係数の差による磁気異方性のために，長軸方向の磁気特性が向上すると考えられている．

表5.5に広く使用されているアルニコ磁石の磁気特性を，**図5.23**に減磁曲線を示す．

表5.5 アルニコ（AlNiCo）磁石の磁気特性（JIS C 2502 より抜粋）

材質			製造法	最大エネルギー積 $(BH)_{max}$ 〔kJ/m³〕		残留磁束密度 B_r 〔mT〕		保磁力 H_C 〔kA/m〕	
簡易名称	*1	コード番号		最小値	公称値*2	最小値	公称値*2	最小値	公称値*2
AlNiCo 9/5	i	R1-0-1	鋳造または焼結	9	13	550	600	44	52
AlNiCo 12/6	i	R1-0-2		11.6	15.6	630	680	52	60
AlNiCo 17/9	i	R1-0-3		17	21	580	630	80	88
AlNiCo 37/5	a	R1-1-1	鋳造	37	41	1 180	1 230	48	56
AlNiCo 38/11	a	R1-1-2		38	42	800	850	110	118
AlNiCo 44/5	a	R1-1-3		44	48	1 200	1 250	52	60
AlNiCo 60/11	a	R1-1-4		60	64	900	950	110	118
AlNiCo 36/15	a	R1-1-5		36	40	700	750	140	148
AlNiCo 58/5	a	R1-1-6		58	62	1 300	1 350	52	60
AlNiCo 72/12	a	R1-1-7		72	76	1 050	1 100	118	126
AlNiCo 34/5	a	R1-1-10	焼結	34	38	1 120	1 170	47	55
AlNiCo 26/6	a	R1-1-11		26	30	900	950	56	64
AlNiCo 31/11	a	R1-1-12		31	35	760	810	107	115
AlNiCo 33/15	a	R1-1-13		33	37	650	700	135	143

*1 iは等方性，aは異方性
*2 規定値ではないが，特性変動の中央値

（2）加工性磁石 アルニコ磁石と同様の機構で保磁力を高める永久磁石に，**キュニフェ**（Cu-Ni-Fe），**キュニコ**（Cu-Ni-Co）および鉄‐クロム‐コバルト合金がある．これらは，アルニコの欠点である加工性の悪い点が改善されている．これらの磁石材料，および加工性が良好なバイカロイの磁気特性を**表**

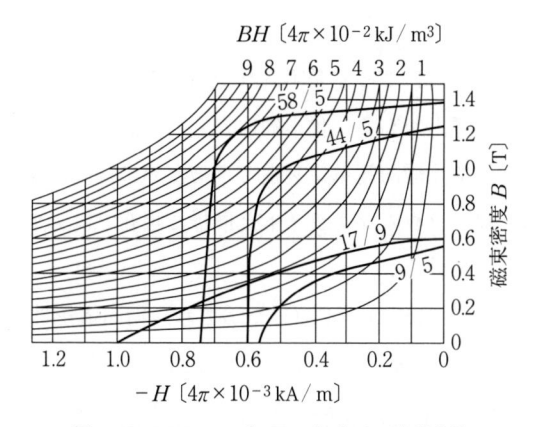

BH 〔$4\pi \times 10^{-2}$ kJ/m^3〕

図5.23 アルニコ (AlNiCo) 磁石の減磁曲線

表5.6 加工性磁石の磁気特性

種類	成分〔%〕	残留磁束密度 B_r 〔mT〕	保磁力 H_c 〔kA/m〕	最大エネルギー積 $(BH)_{max}$ 〔kJ/m^3〕
Cunife I	Cu 60, Ni 20, Fe 20	570	47.0	14.7
Cunife II	Cu 50, Ni 20, Co 2.5, Fe 27.5	730	20.7	6.2
Cunico I	Cu 50, Ni 21, Co 29	340	56.5	6.8
Cunico II	Cu 35, Ni 24, Co 41	530	36.0	7.9
Fe-Cr-Co 合金	Cr 31, Co 23, Si 1, Fe 45	1 300	46.2	42.2
Vicalloy I	V 9.5, Co 52, Fe 38.5	900	23.9	7.9
Vicalloy II	V 13, Co 52, Fe 35	1 050	40.6	27.8

5.6に示す。このほかの析出硬化形材料としては，レマロイや白金-コバルト合金がある。

〔4〕 **焼結磁石** 焼結磁石は，微粉末を圧縮成形し高温度で焼結した磁石材料のことであり，以下に述べるフェライト磁石や希土類磁石などが挙げられる。

（1） **フェライト磁石** 世界初のフェライト磁石は，1931年に加藤与五郎と武井武によって発明されたOP磁石（**コバルトフェライト**）である。Fe_3O_4 と $CoFe_2O_4$ の粉末を50％ずつ混合し，圧縮成形後1 000℃で焼結し，磁界中で冷却すると，保磁力 H_c = 39〜73 A/m，残留磁束密度 B_r = 0.36〜0.22 T の磁

気特性を示す。

1952年にJ. J. Wentらによって発明されたバリウムフェライト磁石は,アルニコ磁石に比べて保磁力が高く,化学的に安定で,高価なニッケルやコバルトを含まず粉末冶金法で比較的簡単に製造できるために安価になり,生産量が急速に増大し,ストロンチウムフェライトと同様,現在ではアルニコとともに基幹の磁石材料となっている。

バリウムフェライトは$BaO \cdot 6Fe_2O_2$で示され,結晶構造はマグネットプランバイト(M)形六方晶である。その磁化容易方向はc軸方向で,結晶磁気異方性定数は350 kJ/m^3と非常に大きいので,この単磁区微粒子を圧縮成形,焼結すれば,保磁力$H_c = 150 \text{ kA/m}$以上の磁石が得られることになる。粉末を単に圧縮成形,焼結した磁石は,減磁曲線が角形とならず,**等方性磁石**と呼ばれる。圧縮成形の際,圧縮方向と平行に400 kA/m程度の磁界を加えた場合,減磁曲線は角形となり,**異方性磁石**と呼ばれる。ストロンチウムフェライトもバリウムフェライトと同じ結晶形で,同様な磁気特性を示す。この二つを総称して**ハードフェライト**(hard ferrite)と呼ばれる。ハードフェライトの磁気特性を**表5.7**に示す。

フェライト磁石は,残留磁束密度B_rは低いが保磁力H_cが非常に大きいの

表5.7 ハードフェライトの磁気特性(製造法;焼結)(JIS C 2502より抜粋)

材　質		最大エネルギー積 $(BH)_{max}$ 〔kJ/m^3〕		残留磁束密度 B_r 〔mT〕		保磁力 H_c 〔kA/m〕	
簡易名称	コード番号	最小値	公称値[*2]	最小値	公称値[*2]	最小値	公称値[*2]
Hard ferrite 7/21[*1]	S 1-0-1	6.5	8.5	190	220	125	149
Hard ferrite 20/19	S 1-1-1	20	22	320	340	170	194
Hard ferrite 26/18	S 1-1-4	26	28	370	390	175	199
Hard ferrite 29/22	S 1-1-7	29	31	390	410	210	234
Hard ferrite 24/35	S 1-1-10	24	26	360	380	260	275
Hard ferrite 35/25	S 1-1-14	35	37	430	450	245	269

[*1] 等方性,ほかは異方性
[*2] 規定値ではないが,特性変動の中央値

で，反磁界係数の大きい，例えば偏平形状の磁気回路にも十分利用可能である。この高保磁力性を活用して，たわみ性に富むゴム磁石あるいはプラスチック磁石として使用される。

(2) **希土類磁石**　希土類（レアアース）磁石は，希土類金属と遷移金属からなる金属間化合物を利用した高性能な磁石である。組成によって，サマリウム－コバルト系とネオジム－鉄－ホウ素系に分類できる。これらの系の磁石における H_c および最大エネルギー積 $(BH)_{max}$ は，アルニコ磁石やフェライト磁石に比べてはるかに大きいが高価である。この磁石として，以下に述べるサマコバ磁石やネオジム磁石などが挙げられる。

サマコバ磁石は，1966年にG. Hofferらが，YCo_5 の結晶磁気異方性定数が1～10 MJ/m^3 と，フェライト磁石に比べてきわめて大きく，すぐれた磁石材料である。**表5.8**に，わが国で製造されているサマリウムコバルト磁石の代表的な磁気特性を示す。

表5.8　サマリウムコバルト磁石の磁気特性

種類		残留磁束密度 B_r 〔mT〕	保磁力 H_c 〔kA/m〕	最大エネルギー積 $(BH)_{max}$ 〔kJ/m^3〕
磁石	希土類元素			
液相焼結磁石	Sm	720～990	573～764	104～191
	Sm, Pr	1 000～1 050	740～796	199～215
焼結時効磁石	Ce	340～720	223～398	20～100
	Sm	820～1 050	478～534	135～215
加工性磁石	Sm	440～550	295～414	32～56
	Sm	600～750	263～478	48～72

液相焼結磁石は，基合金を低融点相で高温焼結したもの，焼結時効磁石は基合金の一部を銅などで置換したインゴットを粉砕，焼結後，時効化でコバルトに富む強磁性相の中に銅に富む弱磁性相を析出させたもの，加工性磁石は上述の焼結磁石を粉砕後，樹脂成形したものである。Sm_2Co_{17} の登場以降，高価なサマリウムの比率が大きい従来の $SmCo_5$ は使用されなくなっている。

それに対して，**ネオジム磁石**は，1983年に佐川眞人らとアメリカにおいて，別々に発明された。主相は，正方晶構造の Nd_2Fe_{14} である。ネオジムの資源量

は，サマリウムの10倍程度といわれており，希土類元素の中では比較的資源量が豊富である。弱点とされた耐食性も，ニッケルめっきなどの表面処理によって改善されており，高磁界を必要とする機器において，標準的に使用されている。

5.2.3 その他の磁気材料

〔1〕 **磁性薄膜メモリ用材料**　1955年にBloisが厚さ約$10\sim10^3$ nmの鉄－ニッケル（**パーマロイ**）薄膜を真空蒸着法で作成し，これが高速度メモリ素子として優れた性能を持つことを報告してから，パーマロイ薄膜（80%ニッケル）の特性と応用について多くの研究が行われた。パーマロイ磁性薄膜は，その厚さが薄いため，膜厚の方向に反磁界が大きく，磁化が膜面と平行にしか向かないので，蒸着時に膜面内のある方向に弱い磁界をかけるとその方向に強い一軸異方性を示す。そのため，**図5.24**（a）に示すように，その磁界方向（磁化容易軸）には角形ヒステリシスを示すが，それと直角の方向（磁化困難軸）には線形磁化特性を持つ。そのスイッチングの特性は，図（c）のようなアステロイド（糸巻き）形である。

すなわち，膜面内で任意の方向に磁界を加えると，その値がアステロイド形より外になると磁化反転を起こすが，アステロイド内ならば磁化反転は起こらないで可逆的な磁化回転が生ずるだけである。したがって，困難軸方向に読出し用のパルス磁界を加えると磁化の回転が起こってセンシング線に出力パルスを生ずる（記憶内容により極性が異なる）が，パルスが終わると磁化は元の向きにもどるので，非破壊読出しの可能性を持つ。スイッチ時間は1μs以下で，配線は図（b）に示すように近接導線のみなので簡単であり，かつ温度特性もすぐれているが，平板基板上に$1 mm^2$程度の膜を多数同時に蒸着させると特性が一様にならない。

光（熱）磁気メモリ用の薄膜としては，MnBi，MnAlGe，EuO，希土類－鉄族アモルファス膜，Pt(Pd)Co多層膜，Biガーネットなどあるが，実用化されているMOディスクではTbFeCoが主流で，特性の向上のためガドリニウムや

5.2 各種の磁気材料　155

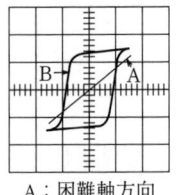

A：困難軸方向
B：容易軸方向
（a）磁化特性

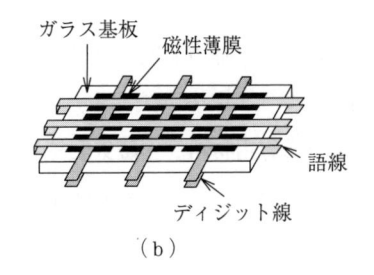

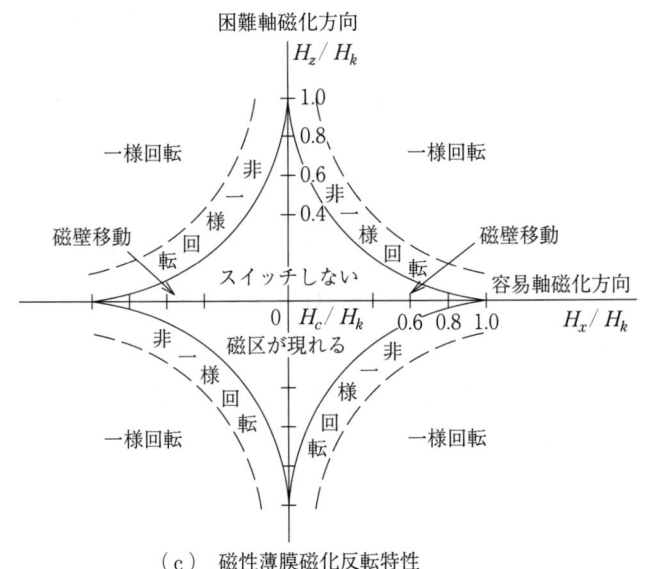

（b）

困難軸磁化方向

容易軸磁化方向

（c）磁性薄膜磁化反転特性

図 5.24 磁性薄膜メモリ用材料

ジスプロシウムと鉄，コバルトの合金膜と多層にしたものが用いられる。MnBi 膜はビスマス，マンガンを蒸着したのち，熱処理により多結晶の MnBi を成長させるもので，磁化が膜面に垂直になる（垂直磁化）。1～2 μm 径のレーザビームを照射すると，その部分だけキュリー温度（360℃）以上の温度になるので，周囲からの磁界で微小な反転磁区が発生し，高密度メモリとして利用される。書き込まれた微小反転磁区は，**磁気光学（カー，Kerr）効果**によって読み出すことができる。

希土類 - 鉄族アモルファス膜では，希土類元素と鉄族元素の原子は反強磁性

の副格子を持ち，たがいに反対向きの磁化を持つので，温度とともに全磁化が変化し，ある温度（補償温度）で見掛けの磁化が0となる．普通この補償温度は100～150℃以下であるので，書込みパワーが小さい．

〔2〕 **磁気記録用材料** 磁気記録とは，移動する強磁性媒体（磁気テープや磁気ディスクなど）に時系列で変化する電気信号を磁気ヘッドにより信号磁界として発生させ，強磁性媒体のヒステリシス現象によって情報を媒体上の残留磁化（微小磁石）の空間的周期配列の変化として記録する方式である．磁気記録媒体として，1970年頃に開発されたフロッピーディスク，1976年頃に開発されたVHS用テープ，そして現在では大容量情報ストレージ素子としてのハードディスク（HDD）などが挙げられる．特にHDDに注目すると，主流である3.5インチサイズのHDDの記憶容量が1台で最大4.0 TB，ノートパソコンでよく用いられている2.5インチ9.5 mm厚サイズのHDDの記憶容量が1台で最大1 TBに達している．磁気記録の特徴としては，不揮発性（電源を切断しても保管情報が失われない機能）と可換性（繰返し記録・消去できる機能）と，データアクセス速度，ビット単価の妥当性があげられる．

図5.25に，時間経過に伴う磁気記録の過程を模式的に示す．磁気記録の場合には，媒体に近接して配置したヘッド（信号磁界を発生させるという観点からはコイルと同等）に信号電流を流して信号の符号や大きさに対応した向きの磁界をつくり，記録媒体に印加する．媒体としての磁性薄膜は，このヘッド磁界によって磁化され，信号の向きに対応した方向に残留磁化の向きをそろえた領域（情報の1ビット）を形成する．媒体を走行させながらこの操作を繰り返すと，媒体上には走行方向に沿って，つぎつぎと微小磁石の列としての記録領域が並べられることになる．

この磁気記録には，磁気テープ，磁気ドラム，磁気ディスクなどが用いられるが，これらは**表5.9**に示す粉末材料を基板（プラスチックテープやディスク，金属など）上に塗布したものである．磁性粉として用いられているのは，$\gamma\text{-Fe}_2\text{O}_3$である．$\gamma\text{-Fe}_2\text{O}_3$は針状の$\alpha\gamma\text{-FeOOH}$を水素気流中で脱水，還元して$\text{Fe}_3\text{O}_4$とし，これを空気中で低温酸化して製造する．これをバインダと混ぜて

5.2 各種の磁気材料

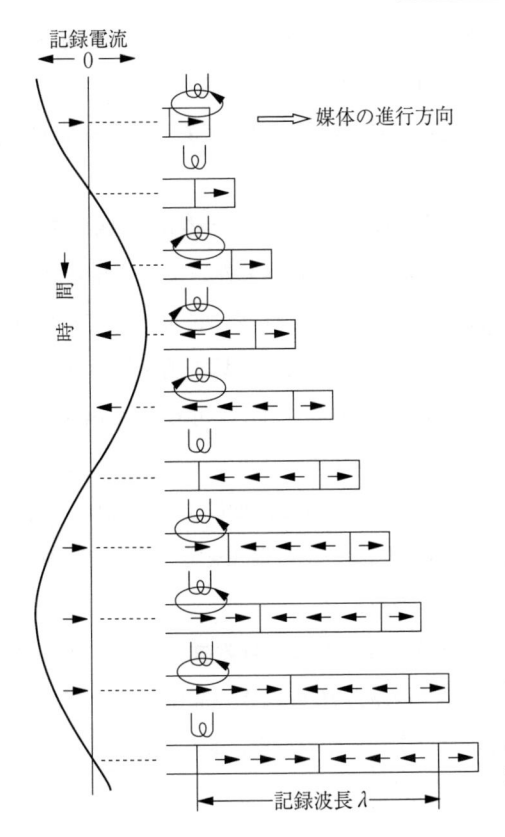

図 5.25 磁気記録の過程

表 5.9 磁気記録材料

材料名	構造		H_c [A/m]	ϕ_s [Wb]	I_s [T]
炭素鋼	直径	0.2 mm	$0.88 \sim 1.44 \times 10^3$	$2.5 \sim 6 \times 10^{-8}$	$0.7 \sim 1.8$
センダスト	幅 厚	約 2 mm 0.7 mm	$1.60 \sim 2.88 \times 10^3$	$2.5 \sim 4 \times 10^{-8}$	$0.12 \sim 0.3$
$\gamma\text{-}Fe_2O_3$	幅 厚	約 6 mm 12 μm	2.16×10^4	6×10^{-9}	$0.07 \sim 0.08$
Fe-Ni-Co 合金	幅 厚	6 mm 4.5 mm	5.36×10^4	7×10^{-9}	0.256
Co フェライト	—		3.6×10^4	—	0.043
CrO_2	—		4.0×10^4	—	0.2

基板上に 0.1 mm 厚ぐらいに塗布するが，結晶粒子の大きさや塗布過程によりノイズ特性などが異なるので，普通，乾燥の前に直流磁界の中を通して磁性粉の磁化容易軸方向をそろえる。近年，結晶粒子が針状で異方性を持つテープがつくられている。

CrO_2 は比較的新しいテープ材料であるが，それほど磁気記録用材料としてすぐれたものではなかった。Du Pont 社が形状異方性によって高い保磁力 H_c を得ることに着目し，水熱反応により針状の CrO_2 をつくり出してから急に脚光をあびた。従来の針状 γ-Fe_2O_3 に比べて短波長領域で約 2 倍の感度を持つが，欠点はヘッドの摩耗が大きいことである。CrO_2 は角形比が 0.88 と，ほかに比べて大きく，配向性もよいので高 SIN テープとして注目されている。また，キュリー温度が約 126℃ と低く，磁気特性は温度によって著しく変化するので，それを利用して熱消去，熱転写（テープの情報を他のテープに写すのに熱を加えて行うことなど）が可能である。

また，最近では針状 γ-Fe_2O_3 や針状 Fe_3O_4 に少量のコバルト・フェライト（$CoO \cdot Fe_2O_3$）を固溶することで，保磁力 H_c の大きい高密度テープが得られている。一方，合金系の磁性体を真空蒸着やめっきにより薄膜にすることが行われている。

コーヒーブレーク

レアアースを使わないモータ

図に示すように，永久磁石であるネオジム磁石（$Nd_{14}Fe_{80}B_6$）にジスプロシウム（Dy）を添加することによって，最大エネルギー積 $(BH)_{max}$ を犠牲にしつつも保磁力 H_c と耐熱温度を大きく改善できる。そのため，EV（電気自動車）や HEV（ハイブリッド電気自動車）に搭載されているモータ用磁石として使用されてきた。

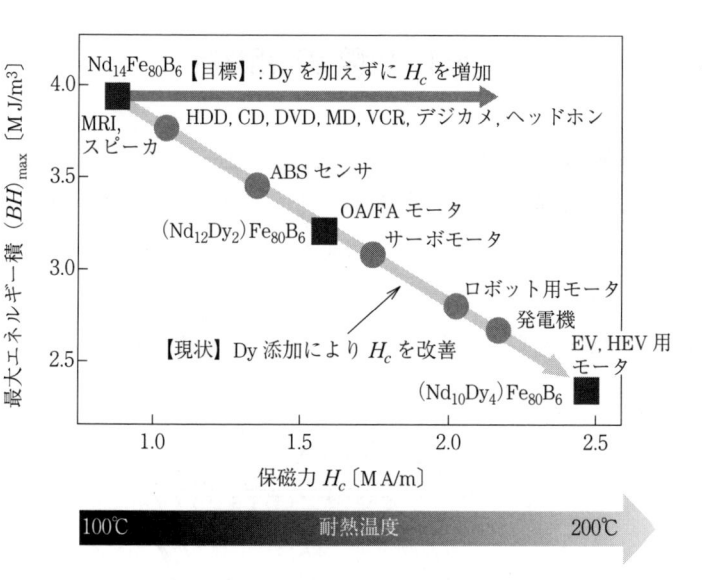

図 ネオジム磁石（$Nd_{14}Fe_{80}B_6$）の各種応用

しかし，ネオジムやジスプロシウムといったレアアースは資源が偏在しており，価格の変動が激しく安定した入手が困難であるため，EV や HEV 駆動用モータの大きな課題となっている。そのため，レアアースの使用量を低減するために，「新方式モータの開発」および「永久磁石材料の開発」を産官学で連携をとりながら研究開発が進められている。「新方式モータの開発」では，鉄心に圧粉磁心を使用したモータ，急速冷却で凝固させたアモルファス金属で代替したレアアースを使用しないモータ，フェライト磁石を使用し磁石・コアの形状や配置を最適化したモータの開発がなされており成果を上げつつある。「永久磁石材料の開発」では，米国などで採取されるレアアースのサマリウムとコバルトを使った磁石を改良し，鉄の配合比率を高め独自の熱処理を行うことで，ジスプロシウムを使わずに同等以上の磁力を持つ強力な磁石の開発に成功している。

6 発電/蓄電用材料

6.1 太陽電池用材料

6.1.1 太陽電池の構造

最も一般的な**太陽電池**は，半導体を用いたpn接合ダイオードである。図6.1に，その構造を模式的に示す。表面電極は不透明であり，光を取り入れるため，くし形の構造をしている。太陽電池自身の内部抵抗は，次項で述べる**フィルファクター**を低下させる。そのため，表面に**透明電極**を形成して抵抗を低減させている。

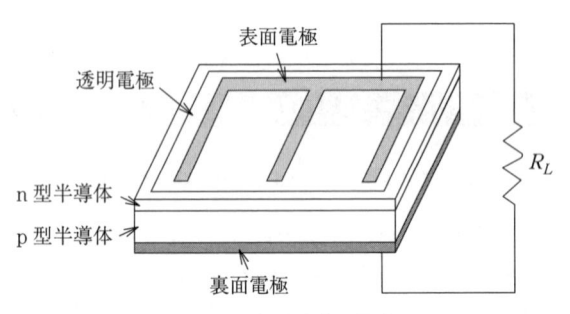

図6.1 太陽電池の構造

太陽電池では，外部に負荷（R_L）を接続して，直流電力を取り出す。その際，個々の電圧・電流は小さいため，多数の太陽電池を直列・並列に接続している。したがって，市販の太陽電池は，モジュール化した**太陽電池パネル**として販売されている。

太陽電池は変換効率を上げるため，さまざまな構造が適用されている。入射光の反射は効率低下となる。入射光を有効に取り込むための表面構造として**図**

6.2に示す**テクスチャー構造**がある。表面に凹凸を形成することにより，入射光を太陽電池内部に取り込むとともに，斜め入射により太陽電池内部の光路長を長くする効果がある。

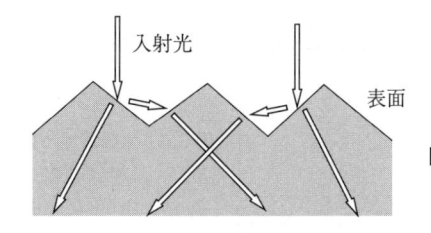

図6.2 太陽電池のテクスチャー構造

さらに，**図6.3**のように裏面も透明な構造として，裏面からも光を取り込める**両面受光型**の太陽電池も開発されている。また，レンズを用いて，太陽光を集光して照射する場合もある。

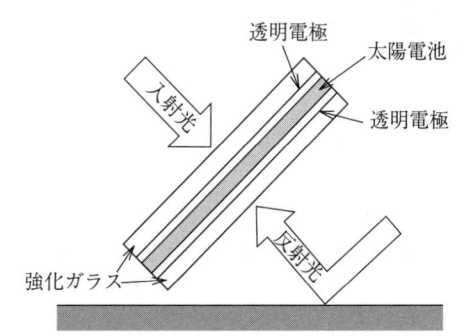

図6.3 両面受光型太陽電池

6.1.2 太陽電池の動作原理

〔1〕 **半導体ダイオードを用いた太陽電池**　**図6.4**は，短絡したpn接合にバンドギャップ以上のエネルギーの光照射を行った状態のエネルギーバンド図である。接合部に生成された電子‐正孔対は，接合部の電界により，電子はn型領域に正孔はp型領域に移動する。n型領域とp型領域は短絡されているので，外部に**短絡電流**I_{sc}が流れる。

図6.5は，開放状態の接合に光照射を行った状態のエネルギーバンド図である。この場合も生成された電子と正孔は，それぞれn型領域とp型領域に

図 6.4 太陽電池の動作（短絡状態）

図 6.5 太陽電池の動作（開放状態）

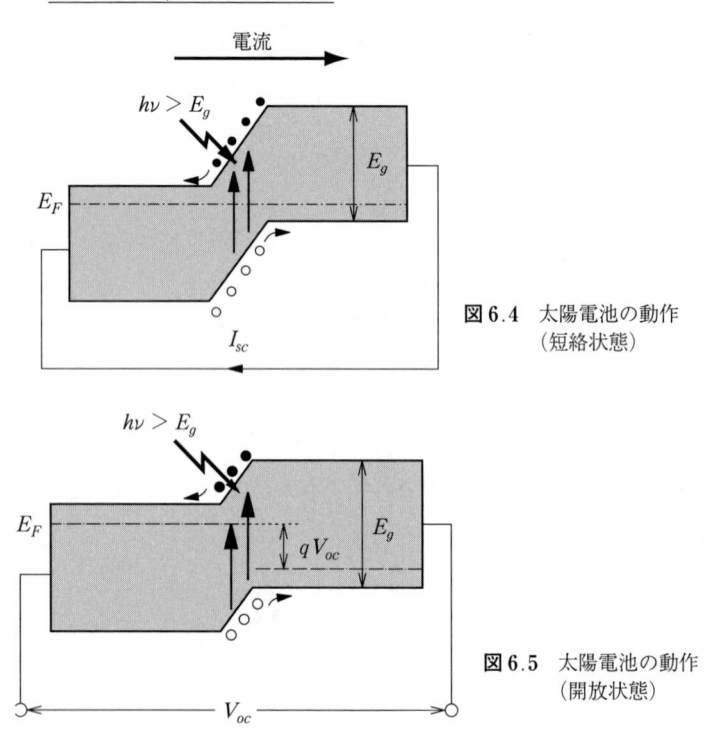

分離して移動する．電子と正孔の蓄積により電位差が発生し，電位差によりキャリヤの流入が抑えられた状態で安定状態となる．このとき発生する電位差 V_{oc} を**開放電圧**と呼ぶ．

太陽電池の電流－電圧特性は，次式で表される．

$$I = I_s \left\{ \exp\left(\frac{qV}{kT}\right) - 1 \right\} - I_{sc} \tag{6.1}$$

ここで，I_s はダイオードの逆方向飽和電流である．開放電圧 V_{oc} は，$I=0$ における電圧であり，次式となる．

$$V_{oc} = \frac{kT}{q} \ln\left(\frac{I_{sc}}{I_s} + 1\right) \tag{6.2}$$

したがって，I_{sc} が大きいほど，また I_s が小さいほど大きな V_{oc} が得られる．

図 6.6（a）は，太陽電池の電流－電圧特性である．R は負荷抵抗であり，R

(a) 電流 – 電圧特性

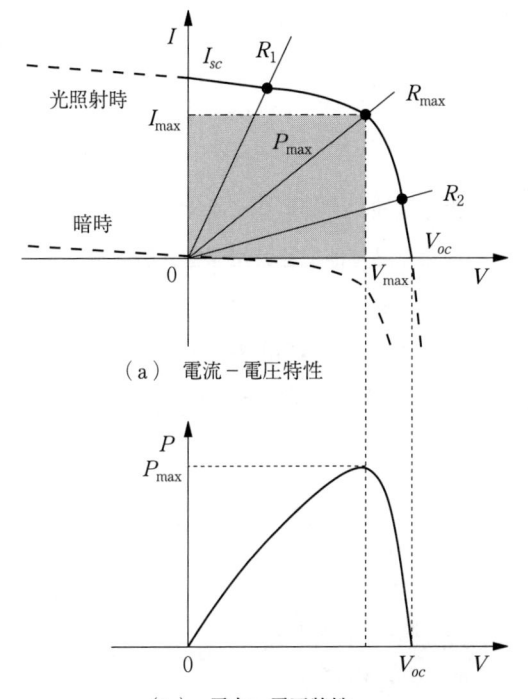

(b) 電力 – 電圧特性

図 6.6 太陽電池の特性

の値により，太陽電池から取り出せる電力が異なる．R が R_{max} のとき，電力 P は最大電力 P_{max} となる．短絡状態および開放状態では，P はゼロである．P の電圧依存性を図（b）に示す．入射光のエネルギーを P_{in} としたとき，太陽電池の効率 η は

$$\eta = \frac{P_{max}}{P_{in}} \times 100 \quad [\%] \tag{6.3}$$

で表される．

P_{max} の $I_{sc}V_{oc}$ に対する比率

$$FF = \frac{P_{max}}{I_{sc}V_{oc}} = \frac{I_{max}V_{max}}{I_{sc}V_{oc}} \tag{6.4}$$

を**フィルファクター**と呼ぶ．フィルファクターとは特性が方形にいかに近いか

を表している．FF を用いると，太陽電池の効率は

$$\eta = \frac{I_{sc}V_{oc}FF}{P_{in}} \times 100 \quad [\%] \tag{6.5}$$

と表される．

〔2〕 **色素増減型太陽電池**　半導体ダイオードを用いた太陽電池とはまったく異なる原理を用いた太陽電池に**色素増感型太陽電池**がある．その構造と動作原理を**図 6.7** に示す．負極は，二酸化チタン（TiO_2）微粒子の表面に，可視光を吸収するルテニウム系などの**増感色素**を吸着させる．正極には白金触媒を用い，電解液にはヨウ素（I）溶液などの酸化還元体を充填している．

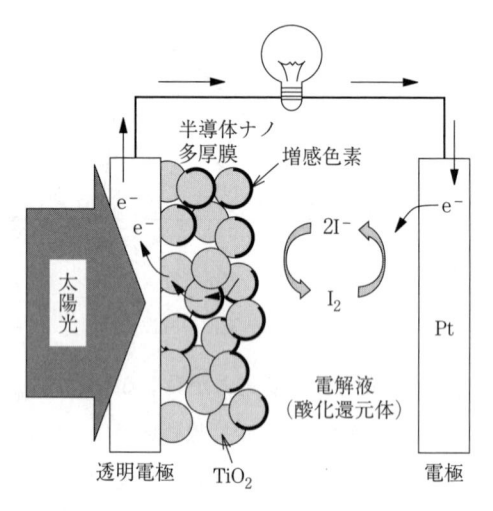

図 6.7　色素増感型電池の構造と動作原理

光照射により，負極の酸化チタンに化学吸着している色素が励起し，色素から酸化チタンへ電子が注入され色素が酸化される．電子を失った色素は，電解液中のヨウ素から電子を奪って還元され，ヨウ素は正極から電子を受け取り元に戻る．

6.1.3　各種の太陽電池

さまざまな太陽電池の変換効率および特徴を**表 6.1** に示す．シリコンおよ

6.1 太陽電池用材料

表 6.1 さまざまな太陽電池の変換効率および特徴

材料		効率〔%〕	特徴
シリコン系	単結晶シリコン	15〜20 超	・変換効率が高い ・生産に必要なエネルギーやコストが大
	多結晶シリコン	15〜20	・コストと性能のバランスが良い ・現在の主流
	アモルファスシリコン	7〜10	・安価 ・太陽光での劣化が欠点
化合物半導体系	GaAs 系	15〜40 弱	・高効率 ・宇宙用などの特殊用途で使用
	CdTe/CdS 系	〜10	・性能が良くかつ安価 ・米国や欧州で実用化
	CIS/CIGS 系 （カルコパイライト系）	10〜20 弱	・薄膜で高効率 ・製造法や材料のバリエーションが豊富
有機系	色素増感型	5〜8	・変換効率が低い ・将来の低コスト太陽電池として有望
	有機薄膜	4〜7	・変換効率が低い ・構造や製法が簡便

び化合物半導体を用いた太陽電池が製品化されている．有機物系の太陽電池としては，色素増感型のほかに有機薄膜を用いたものがある．

　シリコン系太陽電池には，単結晶，多結晶，アモルファスを用いたものがある．**単結晶シリコン**を用いた太陽電池は，コストは高いが最も変換効率が高い．低価格化のため，原料多結晶の純度は，集積回路用の 99.999 999 999%（イレブンナイン）に対し，太陽電池用は 99.999 99%（セブンナイン）程度[†]である．**多結晶シリコン**はコストと性能のバランスが良く，現在の主流となっている．**アモルファスシリコン**は，モノシラン（SiH_4）やジシラン（Si_2H_6）などのシラン系ガスを用いて，グロー放電などによる低温プラズマによる 400℃ 程度のプロセスで製造でき，低コストである．ただし，変換効率が低く長時間の光照射で特性が劣化するなどの問題がある．

　さまざまな**化合物半導体系太陽電池**が市販されている．Ⅲ-Ⅴ族化合物半導体の **GaAs 系太陽電池**は，最高効率の太陽電池であるが，高価なため宇宙用

[†] ソーラーグレードと呼ばれる．

など特殊用途に用いられている．直接遷移型半導体であり，集光型太陽電池としての使用にも耐えられる．

II-VI族化合物半導体の **CdTe/CdS 系太陽電池**は，性能が良くかつ安価であり，米国や欧州では広く用いられている．ただし，日本では，カドミウムの毒性が問題となり使用できない．日本の太陽電池メーカの地位が落ちた原因の一つにもなっている．

I-III-VI族化合物のカルコパイライト系半導体としては，$CuInS_2$, $Cu(In, Ga)Se_2$, $Cu(In, Ga)(Se, S)_2$, Cu_2ZnSnS_4 などが用いられる．**カルコパイライト系太陽電池**は製造法や材料のバリエーションが豊富であり，薄膜で高効率が実現できる．

有機物系太陽電池の変換効率は低いが，構造や製法が簡便であり，フレキシブルで透明な太陽電池が実現できるなどの特徴がある．装飾的な太陽電池などが試作されている．

6.1.4 太陽光スペクトルと太陽電池の変換効率

図 6.8 に太陽光の**スペクトル密度**を示す．**AM** (air mass) 0 は，大気圏外でのスペクトルである．AM1.5 は，北緯 48.2 度におけるスペクトル密度であ

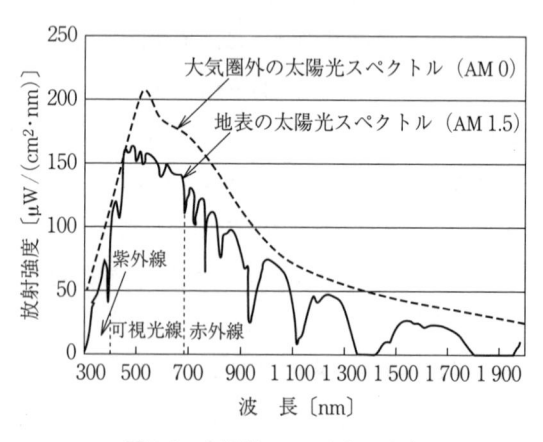

図 6.8 太陽光のスペクトル密度

る。なお,AM1は地表に垂直に入射した場合のスペクトルである。大気の空気や水分によるさまざまな吸収が見られる。太陽光は,可視光域でのエネルギーが最も大きい。したがって,可視光域に相当するバンドギャップの半導体を用いると効率が上がる。

図6.9に示す太陽電池の変換効率の計算例のように,化合物半導体を用いることにより,高効率太陽電池が実現できる。試作された実際の太陽電池は,さまざまな原因で効率が落ちる。フォトン1個の入射により一対の電子-正孔対が発生する場合が**量子効率**1である。実際の半導体では,量子効率は1以下である。量子効率の低下,内部抵抗によるフィルファクターの低下および逆方向飽和電流の増大などにより変換効率が低下するため,改善が望まれる。

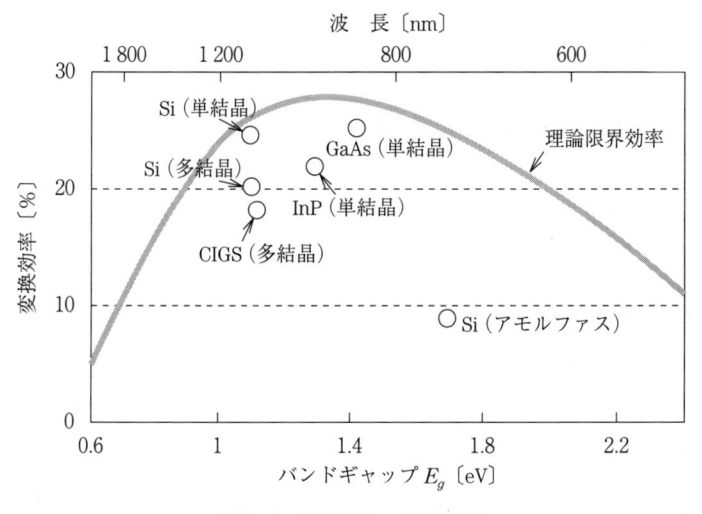

図6.9 太陽電池の変換効率

6.2 燃料電池用材料

6.2.1 燃料電池の動作原理

図**6.10**(a)に示すように,水(H_2O)に通電すると**電気分解反応**が起こる。その際に水素と酸素が発生し,その化学反応は

168   6. 発電/蓄電用材料

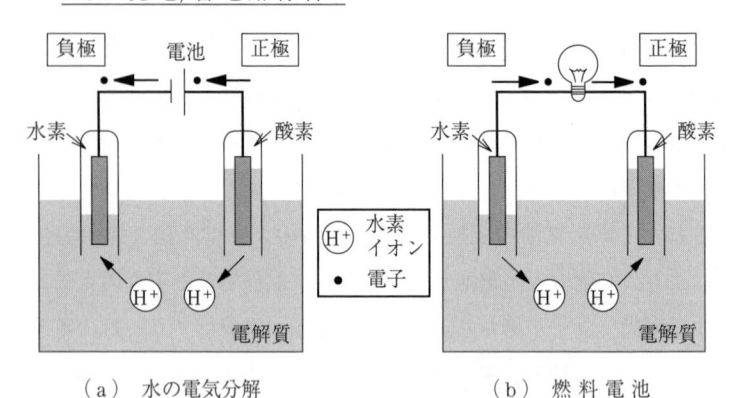

（a）水の電気分解　　　　　　（b）燃料電池

図6.10　水の電気分解と燃料電池

$$2H_2O \rightarrow 2H_2 + O_2 \tag{6.6}$$

で表される。

逆に，図（b）に示すように，水素と酸素を原料として，電気を作り出す（発電する）のが**燃料電池**（**FC**：fuel cell）である。その際の化学反応は

$$2H_2 + O_2 \rightarrow 2H_2O \tag{6.7}$$

である。したがって，燃料電池からの排出物は水のみであり，クリーンな発電が可能である。

燃料電池は，イオンを通す**電解質**および燃料である水素を供給する**負極**（**燃料極**）と酸素を供給する**正極**（**空気極**）で構成されている。そのほかに燃料電池の重要な構成要素として，電子を通さずイオンを通過させる**イオン交換膜**がある。また，個々の燃料電池が発生できる電圧はせいぜい 1 V 程度であり，数十個を重ねた"スタック（積層）"構造にする必要があり，そのための**セパレータ**も重要な構成要素である。

6.2.2　各種の燃料電池

さまざまな燃料電池とその特徴を**表6.2**に示す。固体高分子型（**PEFC**：polymer electrolyte FC）とリン酸型（**PAFC**：phosphoric acid FC）は，低温型の燃料電池であり，**触媒**として**白金**が必要である。一方，溶融炭酸塩型

6.2 燃料電池用材料

表 6.2 さまざまな燃料電池とその特徴

燃料電池	電解質	動作温度	燃料	触媒	効率〔%〕
固体高分子型 PEFC	固体高分子膜（固体）	0〜100℃	水素	白金系	30〜45
リン酸型 PAFC	リン酸（液体）	200℃付近	水素	白金系	35〜45
溶融炭酸塩型 MCFC	溶融炭酸塩（液体）	600〜700℃	水素, 一酸化炭素	不要	45〜65
固体酸化物型 SOFC	イオン伝導性セラミックス（固体）	700〜1 000℃	水素, 一酸化炭素	不要	45〜70

（**MCFC**：molten carbonate FC）と固体酸化物型（**SOFC**：solid oxide FC）は，高温型の燃料電池であり，触媒は必要としない。

固体高分子型燃料電池は，図 **6.11** に示すようにイオン伝導性を有する樹脂膜を電解質として用いる。負極（燃料極）には，燃料として水素を供給する。負極では，つぎの反応が起こる。

$$H_2 \rightarrow 2H^+ + 2e^- \tag{6.8}$$

電子は外部回路を流れ，水素イオンは樹脂膜を通して正極に流れる。正極（空気極）には酸素が供給されており，つぎの反応が起こる。

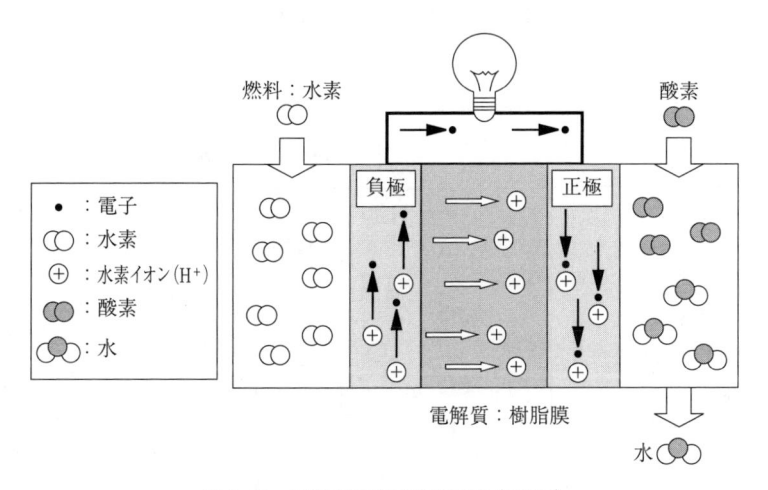

図 6.11 固体高分子型燃料電池（PEFC）

$$\frac{1}{2}O_2 + 2H^+ + 2e^- \rightarrow H_2O \tag{6.9}$$

こうして，水素と酸素を燃料として電力を発生し，水を排出する。

リン酸型燃料電池は，図 6.12 に示すように電解質としてリン酸を用いる。また，負極（燃料極）には，燃料として水素を，正極（空気極）には酸素を供給する。負極および正極における反応は，固体高分子型燃料電池と同じである。

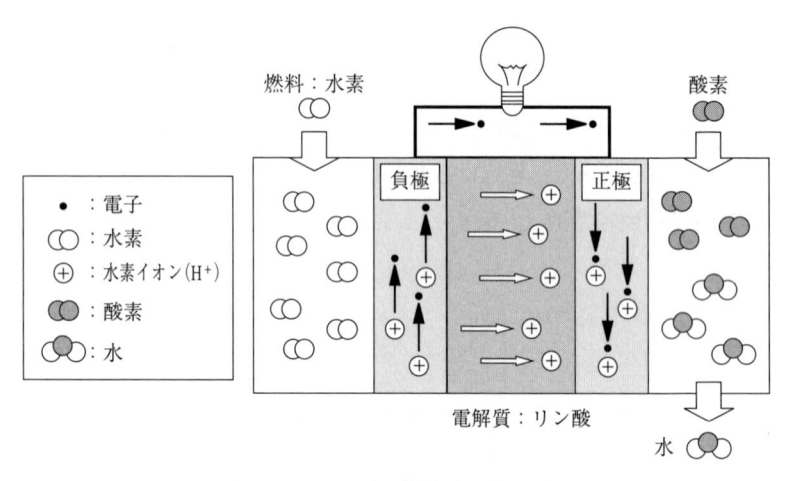

図 6.12 リン酸型燃料電池（PAFC）

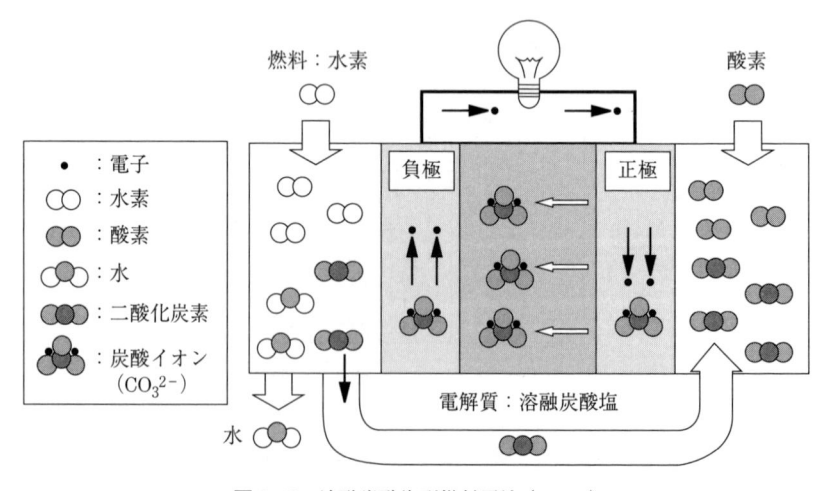

図 6.13 溶融炭酸塩型燃料電池（MCFC）

溶融炭酸塩型燃料電池は，図 6.13 に示すように電解質として溶融炭酸塩を用いる。負極（燃料極）には，燃料として水素を供給する。負極では，つぎの反応が起こる。

$$H_2 + CO_3^{2-} \rightarrow H_2O + CO_2 + 2e^- \tag{6.10}$$

二酸化炭素は，正極側に送られる。正極（空気極）には酸素が供給されており，つぎの反応が起こる。

$$\frac{1}{2}O_2 + CO_2 + 2e^- \rightarrow CO_3^{2-} \tag{6.11}$$

溶融炭酸塩型燃料電池においても，水素と酸素を燃料として電力を発生し，水を排出する。

固体酸化物型燃料電池は，図 6.14 に示すように電解質としてセラミックスを用いる。負極（燃料極）には，燃料として水素を供給する。負極では，つぎの反応が起こる。

$$H_2 + O^{2-} \rightarrow H_2O + 2e^- \tag{6.12}$$

正極（空気極）には酸素が供給されており，つぎの反応が起こる。

$$\frac{1}{2}O_2 + 2e^- \rightarrow O^{2-} \tag{6.13}$$

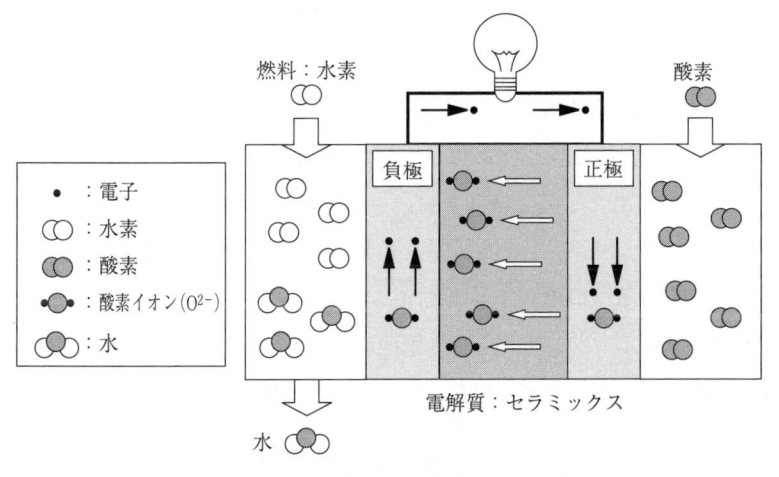

図 6.14　固体酸化物型燃料電池（SOFC）

酸素イオンは，セラミックスを通して正極側に流れる。固体酸化物型燃料電池においても，水素と酸素を燃料として電力を発生し，水を排出する。

6.2.3 燃料電池の用途

低温型の固体高分子型燃料電池は，携帯端末，家庭用電源および自動車用途などで検討されている。低温型のため，始動までの時間が短い。**燃料電池車**対応で期待されており，多くのメーカで検討されている。**エネファーム**[†1] などの家庭電源用として，複数のメーカで商品化されている。

それに対して，リン酸型燃料電池は最も早くから実用化されてきた。中規模の**定置型発電**の用途で適用されている。しかしながら，コスト面で課題があり，普及が進んでいない。

高温型の溶融炭酸塩型燃料電池および固体酸化物型燃料電池は，動作温度まで上げたときには電気と同時に**排熱**の温度も高くなる。多くの電気を必要とする工場やビルなどでは，この排熱が利用されている。いったん停止すると再運転して温度が上がるまでに時間がかかるため，長時間運転し続ける用途に適している。

6.3 蓄電用材料

6.3.1 蓄電池の分類

蓄電池は充電が可能な電池であり，**二次電池**[†2] と呼ばれ，さまざまな方式のものが開発されている。**表6.3**に，さまざまな蓄電池の構成要素とその用途を示す。アルカリ系，リチウム系，鉛蓄電池および大型蓄電池に大きく分類することができる（**口絵** p.4 参照）。

アルカリ系のニッケルカドミウム電池は**ニッカド電池**と呼ばれ，以前は家庭用蓄電池の主流であったが，現在は業務用など一部の用途に限られている。リ

[†1] 燃料電池実用化推進協議会が，2008年に，家庭用燃料電池の統一名称として決定した。
[†2] 乾電池やボタン電池のように充電できない電池は**一次電池**と呼ばれる。

表6.3 さまざまな蓄電池の構成要素とその用途

材料		負極	正極	電解質	用途
アルカリ系	ニッケルカドミウム電池	カドミウム	オキシ水酸化ニッケル	水酸化カリウム	玩具 電動工具
	ニッケル水素電池	水素			
リチウム系	リチウムイオン電池	リチウム吸蔵炭素	コバルト酸リチウム	リチウムイオンを含む有機電解液	小型モバイル機器 電気自動車 分散型電力貯蔵
	金属リチウム電池	LiAl合金	二酸化マンガンなど	有機電解液	
鉛蓄電池		鉛	二酸化鉛	希硫酸	自動車用電源
大型蓄電池	ナトリウム硫黄電池	ナトリウム	硫黄	セラミックス	電力貯蔵
	レドックスフロー電池	バナジウム	バナジウム	希硫酸	

チウム系のリチウムイオン電池の実用化により,携帯電話やノートパソコンの小型軽量化が実現した.自動車用バッテリーには,古くから鉛蓄電池が用いられてきており,150年もの長い歴史を持つ.鉛は毒物であるが,リサイクル体制が確立しており,この蓄電池の使用に問題はない.

ナトリウム硫黄電池やレドックスフロー電池による大型蓄電池は,大型太陽光発電所や風力発電所における電力貯蔵に用いられ,スマートグリッドの実用化にとって必須である.なお,ナトリウム硫黄電池は,通常 **NAS電池**[†] と呼ばれる.

6.3.2 蓄電池の動作原理

ニッケルカドミウム電池の構造を**図6.15**に模式的に示す.負極であるカドミウムでは,つぎの反応が起こる.

$$Cd + 2OH^- \leftrightarrow Cd(OH)_2 + 2e^- \tag{6.14}$$

正極であるオキシ水酸化ニッケル(NiO(OH))での反応は

$$NiO(OH) + H_2O + e^- \leftrightarrow Ni(OH)_2 + OH^- \tag{6.15}$$

[†] **ナス電池**と読む.

6. 発電/蓄電用材料

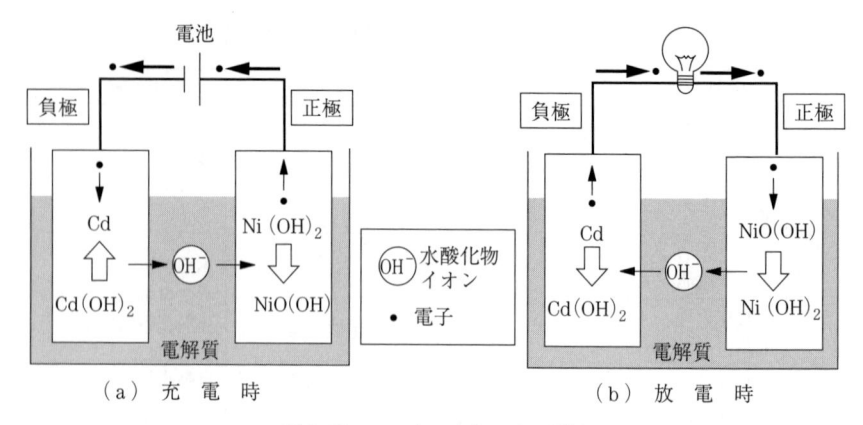

図 6.15 ニッケルカドミウム電池
(a) 充電時
(b) 放電時

となり，右への反応が放電，左への反応が充電である。

アルカリ系のニッケルカドミウム蓄電池に使用されている毒性のカドミウムを水素吸蔵合金 (MH) に置き換えたものが，**ニッケル水素電池**である。水素吸蔵合金には，希土類金属が用いられる。

ニッケル水素電池の構造を**図 6.16** に模式的に示す。負極である水素吸蔵合金では，つぎの反応が起こる。

$$MH + OH^- \leftrightarrow M + H_2O + e^- \tag{6.16}$$

正極での反応は，式 (6.15) で表される。

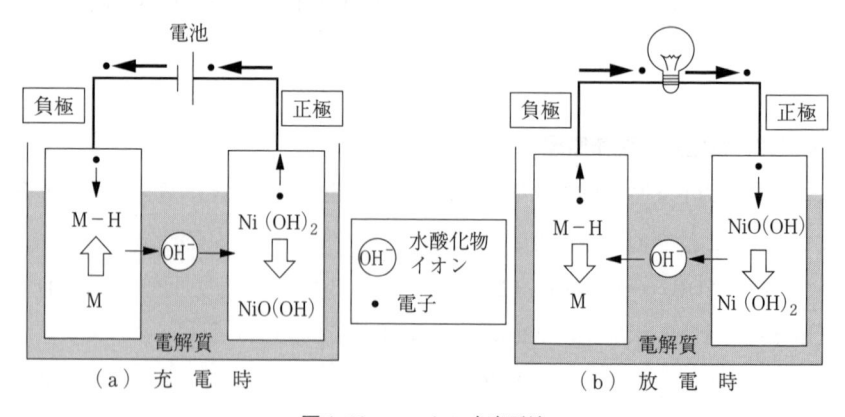

図 6.16 ニッケル水素電池
(a) 充電時
(b) 放電時

6.3 蓄電用材料

リチウムイオン電池では，**図 6.17** に示すように，負極にリチウム吸蔵炭素，正極にコバルト酸リチウム（$LiCoO_2$）を，電解液にリチウムイオンを含む有機電解液を使用している。負極のリチウム吸蔵炭素では，つぎの反応が起こる。

$$Li_xC_6 \leftrightarrow C_6 + xLi^+ + xe^- \tag{6.17}$$

正極のコバルト酸リチウムでは，つぎの反応が起こる。

$$Li_{(1-x)}CoO_2 + xLi^+ + xe^- \leftrightarrow LiCoO_2 \tag{6.18}$$

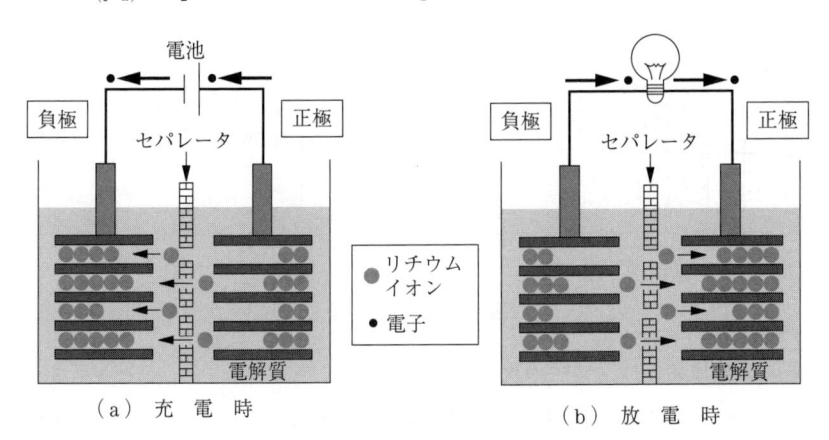

図 6.17 リチウムイオン電池

金属リチウムを電極に用いたリチウム系の蓄電池が，**金属リチウム電池**である。負極であるリチウムアルミニウム合金では，つぎの反応が起こる。

$$LiAl \leftrightarrow Al + Li^+ + e^- \tag{6.19}$$

正極には二酸化マンガンなどを用いるが，価数の変化を利用してリチウムイオンと電子を交換する。この場合つぎの反応が起こる。

$$Mn^{(IV)}O_2 + Li^+ + e^- \leftrightarrow Mn^{(III)}O_2(Li^+) \tag{6.20}$$

マンガンの右上の（　）内のローマ数字は原子の価数を示す。このほかに，正極には五酸化ニオブ（Nb_2O_5）やチタン酸リチウムを用いたものがある。

鉛蓄電池では，**図 6.18** に示すように，負極に鉛，正極に二酸化鉛を，電解質に希硫酸を用いている。負極である鉛では，つぎの反応が起こる。

$$Pb + H_2SO_4 \leftrightarrow PbSO_4 + 2H^+ + 2e^- \tag{6.21}$$

SO_4^{2-} 硫酸イオン, H_2O 水, H^+ 水素イオン, OH^- 水酸化物イオン, ● 電子

（a）充電時　　　　　　　　　（b）放電時

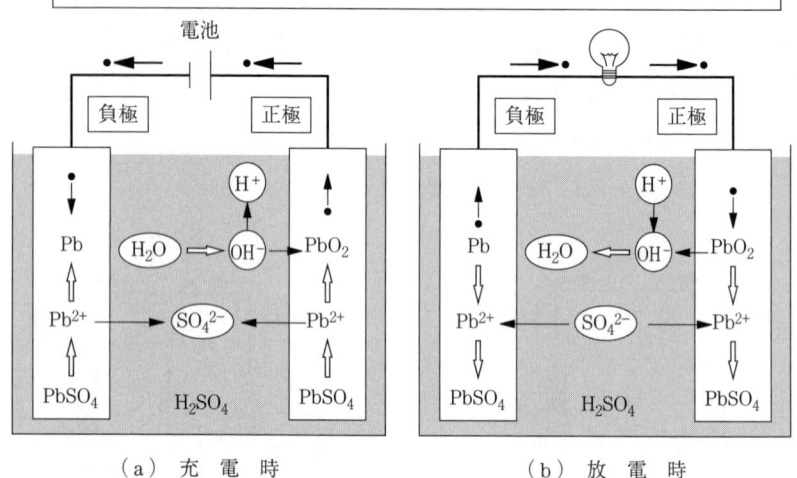

図 6.18　鉛蓄電池

正極の二酸化鉛では，つぎの反応が起こる。

$$PbO_2 + H_2SO_4 + 2H^+ + 2e^- \leftrightarrow PbSO_4 + 2H_2O \tag{6.22}$$

大型の蓄電地として期待されているのが，**ナトリウム硫黄（NAS）電池**である。図 6.19 に示すように，NAS 電池では，負極にナトリウム，正極に硫黄を

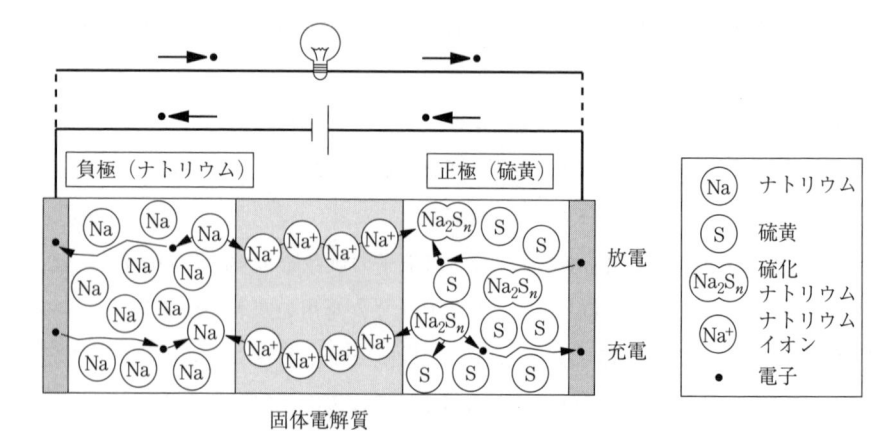

図 6.19　ナトリウム硫黄電池

用い，電解質には固体のβアルミナ（酸化アルミニウム）を用いる．NAS電池の反応は，つぎのように進行する．

$$2Na + nS \leftrightarrow Na_2S_n \tag{6.23}$$

放電時には，負極のナトリウムがイオン化して正極に達し，硫黄と結合する．充電時は逆の反応で，負極のナトリウムの量が元に戻る．

レドックスフロー電池も大型蓄電池として期待されている．**図 6.20** に示すように，レドックスフロー電池では，負極，正極ともにバナジウムを用い，電解質に希硫酸を使用する．負極および正極では，簡略に記すとそれぞれつぎの反応が起こり，バナジウムイオンの価数が変化する．

$$負極：V^{2+} \leftrightarrow V^{3+} + e^- \tag{6.24}$$

$$正極：V^{5+} + e^- \leftrightarrow V^{4+} \tag{6.25}$$

放電時にはともに右方向，充電時にはともに左方向に反応が進む．

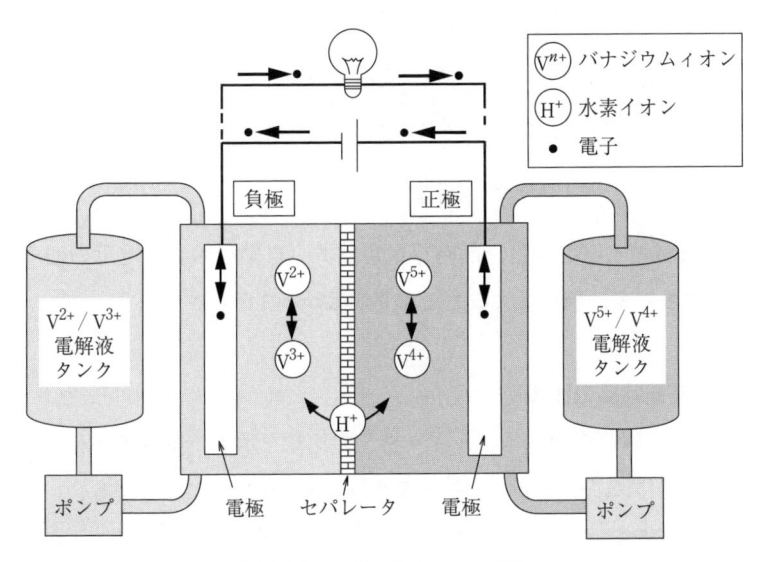

図 6.20 レドックスフロー電池

6.3.3 電気二重層キャパシタ

化学反応を利用しない蓄電装置に**電気二重層キャパシタ**（**EDLC**：electric

double layer capacitor）がある．電気二重層キャパシタは，通常のコンデンサとは異なり誘電体は持たず，数十〔mF〕～数十〔F〕以上の非常に大きな静電容量を有し，充放電サイクル特性（寿命）や急速充放電にすぐれた特徴を有する．

図6.21に電気二重層キャパシタの構造を示す．固体電極（集電極）と電解質溶液が接触すると電位差が生じ，その界面に正，負の電荷が非常に短い距離で配列した層が形成される．電気二重層キャパシタでは，この現象を利用して物理的に電荷を蓄えている．電極での化学反応を伴う二次電池と比較して，特性の劣化がきわめて少ない．

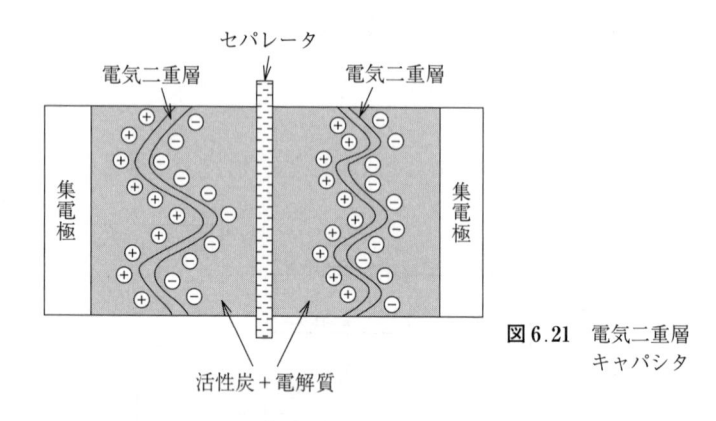

図6.21　電気二重層キャパシタ

電気二重層キャパシタは，瞬時停電用電源，自動車および電車の回生用電源，自然エネルギー利用拡大などで需要が広がっている．

6.3.4　蓄電装置の比較

図6.22に各種蓄電池のエネルギー密度の比較を示す．**体積エネルギー密度**の増大は小型化に，**重量エネルギー密度**の増大は軽量化につながる．

鉛蓄電池は古くから自動車のバッテリーとして用いられてきているが，エネルギー密度は小さい．小型軽量化に対しては，リチウムイオン電池のエネルギー密度が大きく，ハイブリッドカーや電気自動車などの用途として期待されている．ハイブリッドカーや電気自動車は，蓄電池の高性能化により，動く発電所としての機能を発揮できる．

6.3 蓄電用材料

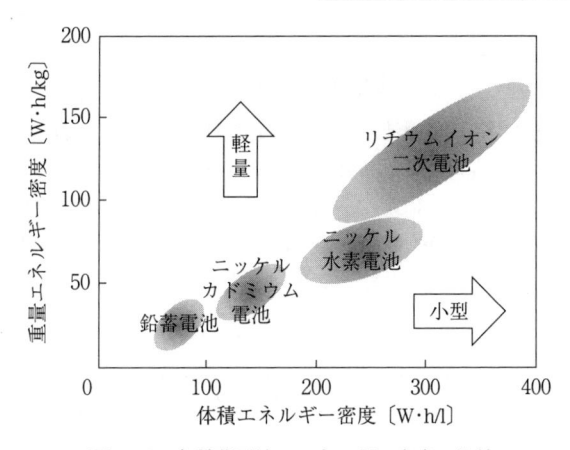

図 6.22 各種蓄電池のエネルギー密度の比較

図 6.23 に各種蓄電装置の比較を示す。横軸にエネルギー密度，縦軸にパワー密度（出力密度）をとったものは，**ラゴンプロット**と呼ばれる。エネルギー密度とパワー密度はトレードオフの関係にある。ちなみに，自動車のエネルギー回生からの要求はエネルギー密度 30 W·h/kg かつパワー密度 3 kW/kg とされており，その実現のためには二次電池と電気二重層キャパシタの両方を合わせ持った性能が必要である。

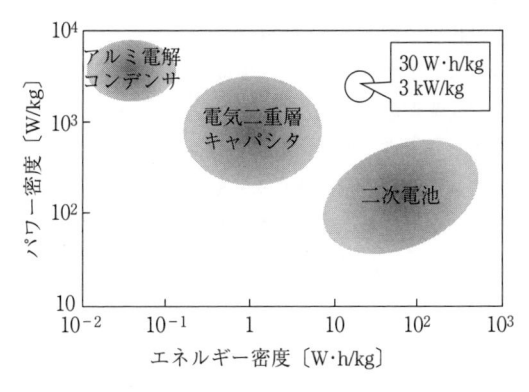

図 6.23 各種蓄電装置の比較

> **コーヒーブレーク**

電池用材料の元素

　表は，太陽電池用，燃料電池用および蓄電池用に用いられるおもな材料を，周期表を用いて示したものである。**太陽電池用材料**は，半導体が主であり，Ⅱ族からⅥ族元素が多く使用されている。そのほかに，透明電極用材料としてITOが広く用いられてきているが，2.3.4項でも述べたとおりインジウムがレアメタルであるため，代替化が検討されている。

表　電池用材料の元素

	1	2	3	4	5	6	7	8	9	10	11	12	13	14	15	16	17	18
1	H																	He
2	Li	Be											B	ⓒ	N	Ⓞ	F	Ne
3	Na	Mg											Al	Si	P	Ⓢ	Cl	Ar
4	K	Ca	Sc	Ti	V	Cr	Mn	Fe	Co	Ni	Cu	Zn	Ga	Ge	As	Se	Br	Kr
5	Rb	Sr	Ⓨ	Zr	Nb	Mo	Tc	Ru	Rh	Pd	Ag	Ⓒd	In	Sn	Sb	Te	I	Xe
6	Cs	Ba	57~71	Hf	Ta	W	Re	Os	Ir	Ⓟt	Au	Hg	Tl	Pb	Bi	Po	At	Rn
7	Fr	Ra	89~103	Rf	Db	Sg	Bh	Hs	Mt									

▢：太陽電池用材料，　▢：燃料電池用材料，　▢：蓄電池用材料，　○：共通材料

　燃料電池用材料として重要なのは，電解質と触媒の白金である。白金を用いた燃料電池，特に固体高分子型燃料電池は，高性能であるがレアメタルの白金を使用しており，安定供給体制の確保が重要である。

　蓄電池用材料としては，電子を供給するためのⅠ族元素（リチウム，ナトリウム）とさまざまな金属元素が用いられる。リチウム，コバルト，バナジウムや白金などはレアメタルであり，安定供給体制の確保あるいは代替技術の開発が必要である。リチウムイオン電池の性能は非常に良好である。もし，リチウムをナトリウムに置き換えることができれば，低コスト化が可能である。実際にそのような取組みがなされている。

付録

付表1 長周期型周期表

	IA	IIA	IIIA	IVA	VA	VIA	VIIA	VIII			IB	IIB	IIIB	IVB	VB	VIB	VIIB	0
	1	2	3	4	5	6	7	8	9	10	11	12	13	14	15	16	17	18
1	1 H 水素																	2 He ヘリウム
2	3 Li リチウム	4 Be ベリリウム											5 B ホウ素	6 C 炭素	7 N 窒素	8 O 酸素	9 F フッ素	10 Ne ネオン
3	11 Na ナトリウム	12 Mg マグネシウム											13 Al アルミニウム	14 Si ケイ素	15 P リン	16 S 硫黄	17 Cl 塩素	18 Ar アルゴン
4	19 K カリウム	20 Ca カルシウム	21 Sc スカンジウム	22 Ti チタン	23 V バナジウム	24 Cr クロム	25 Mn マンガン	26 Fe 鉄	27 Co コバルト	28 Ni ニッケル	29 Cu 銅	30 Zn 亜鉛	31 Ga ガリウム	32 Ge ゲルマニウム	33 As ヒ素	34 Se セレン	35 Br 臭素	36 Kr クリプトン
5	37 Rb ルビジウム	38 Sr ストロンチウム	39 Y イットリウム	40 Zr ジルコニウム	41 Nb ニオブ	42 Mo モリブデン	43 Tc テクネチウム	44 Ru ルテニウム	45 Rh ロジウム	46 Pd パラジウム	47 Ag 銀	48 Cd カドミウム	49 In インジウム	50 Sn スズ	51 Sb アンチモン	52 Te テルル	53 I ヨウ素	54 Xe キセノン
6	55 Cs セシウム	56 Ba バリウム	L ランタノイド	72 Hf ハフニウム	73 Ta タンタル	74 W タングステン	75 Re レニウム	76 Os オスミウム	77 Ir イリジウム	78 Pt 白金	79 Au 金	80 Hg 水銀	81 Tl タリウム	82 Pb 鉛	83 Bi ビスマス	84 Po ポロニウム	85 At アスタチン	86 Rn ラドン
7	87 Fr フランシウム	88 Ra ラジウム	A アクチノイド	104 Rf ラザホージウム	105 Db ドブニウム	106 Sg シーボーギウム	107 Bh ボーリウム	108 Hs ハッシウム	109 Mt マイトネリウム	110 Ds ダームスタチウム	111 Rg レントゲニウム	112 Cn コペルニシウム	113 Uut ウンウントリウム	114 Uuq ウンウンクアジウム	115 Uup ウンウンペンチウム	116 Uuh ウンウンヘキシウム	117 Uus ウンウンセプチウム	118 Uuo ウンウンオクチウム
	アルカリ金属	アルカリ土類金属	希土類	チタン族	土類金属	クロム族	マンガン族	鉄族(上3元素) 白金族(中5元素)			銅族	亜鉛族	アルミニウム族	炭素族	窒素族	酸素族	ハロゲン	不活性ガス 希ガス
	L ランタノイド			57 La ランタン	58 Ce セリウム	59 Pr プラセオジム	60 Nd ネオジム	61 Pm プロメチウム	62 Sm サマリウム	63 Eu ユーロピウム	64 Gd ガドリニウム	65 Tb テルビウム	66 Dy ジスプロシウム	67 Ho ホルミウム	68 Er エルビウム	69 Tm ツリウム	70 Yb イッテルビウム	71 Lu ルテチウム
	A アクチノイド			89 Ac アクチニウム	90 Th トリウム	91 Pa プロトアクチニウム	92 U ウラン	93 Np ネプツニウム	94 Pu プルトニウム	95 Am アメリシウム	96 Cm キュリウム	97 Bk バークリウム	98 Cf カリホルニウム	99 Es アインスタイニウム	100 Fm フェルミウム	101 Md メンデレビウム	102 No ノーベリウム	103 Lr ローレンシウム

182 付録

付表2 レアメタル／レアアース

レアメタル 31鉱種

レアアース (RE)
(レアアースは17元素で1鉱種)

	1	2	3	4	5	6	7	8	9	10	11	12	13	14	15	16	17	18
1	1 H 水素																	2 He ヘリウム
2	3 Li リチウム	4 Be ベリリウム											5 B ホウ素	6 C 炭素	7 N 窒素	8 O 酸素	9 F フッ素	10 Ne ネオン
3	11 Na ナトリウム	12 Mg マグネシウム											13 Al アルミニウム	14 Si シリコン	15 P リン	16 S 硫黄	17 Cl 塩素	18 Ar アルゴン
4	19 K カリウム	20 Ca カルシウム	21 Sc スカンジウム	22 Ti チタン	23 V バナジウム	24 Cr クロム	25 Mn マンガン	26 Fe 鉄	27 Co コバルト	28 Ni ニッケル	29 Cu 銅	30 Zn 亜鉛	31 Ga ガリウム	32 Ge ゲルマニウム	33 As ヒ素	34 Se セレン	35 Br 臭素	36 Kr クリプトン
5	37 Rb ルビジウム	38 Sr ストロンチウム	39 Y イットリウム	40 Zr ジルコニウム	41 Nb ニオブ	42 Mo モリブデン	43 Tc テクネチウム	44 Ru ルテニウム	45 Rh ロジウム	46 Pd パラジウム	47 Ag 銀	48 Cd カドミウム	49 In インジウム	50 Sn スズ	51 Sb アンチモン	52 Te テルル	53 I ヨウ素	54 Xe キセノン
6	55 Cs セシウム	56 Ba バリウム	57～71 ランタノイド	72 Hf ハフニウム	73 Ta タンタル	74 W タングステン	75 Re レニウム	76 Os オスミウム	77 Ir イリジウム	78 Pt 白金	79 Au 金	80 Hg 水銀	81 Tl タリウム	82 Pb 鉛	83 Bi ビスマス	84 Po ポロニウム	85 At アスタチン	86 Rn ラドン
7	87 Fr フランシウム	88 Ra ラジウム	89～103 アクチノイド															

参 考 文 献

1) 小林敏志, 金子双男, 加藤景三：基礎半導体工学, コロナ社 (1996)
2) 国立天文台 編：理科年表 平成24年, 丸善 (2011)
3) 山本秀和：パワーデバイス, コロナ社 (2012)
4) 平井平八郎, 豊田 実, 桜井良文, 犬石嘉雄 共編：現代電気・電子材料, オーム社 (1978)
5) 大木義路, 石原好之, 奥村次徳, 山野芳昭：電気電子材料, 電気学会 (2006)
6) 中澤達夫, 藤原勝幸, 押田京一, 服部 忍, 森山 実：電気・電子材料, コロナ社 (2005)
7) 日野太郎, 森川鋭一, 串田雅人：電気・電子材料, 森北出版 (1991)
8) 関井康雄：電気材料, 丸善 (2007)
9) 電気学会 編：電気工学ハンドブック (第6版), 電気学会 (2001)
10) 雑誌「Newton」2006年11月号, ニュートンプレス (2006)
11) 雑誌「Newton」2011年3月号, ニュートンプレス (2011)

索引

【あ】

アイソトープ	2
亜鉛族	7
悪性 PRIDE	58
圧電効果	92
圧電体	93
アモノサーマル法	75
アモルファス	24
アモルファスシリコン	165
アルカリ金属	6
アルカリ土類金属	6
アルメル	47
アルメル－クロメル熱電対	47

【い】

イオン結合	9
イオン結晶	94
イオン交換膜	168
イオン分極	88
一次電池	172
移動度	31
異方性磁石	152
イレブンナイン	70, 165
インゴット	71
インバータサージ	123

【う】

ウィークボゾン	29
ウェーハ	75
渦電流損	138
埋込み拡散エピタキシャルウェーハ	78
ウルツ鉱構造	57

【え】

永久双極子	87
液晶	14
液相	1
エサキダイオード	82
エナメル線	42
エネファーム	172
エネルギーバンド	19
エピタキシャルウェーハ	77
エレクトロルミネセンス	63
延性	9

【お】

屋外用架橋ポリエチレン絶縁電線	43
屋外用ビニル絶縁電線	43
屋外用ポリエチレン絶縁電線	43
オームの法則	31

【か】

外因性積層欠陥	22
外因性点欠陥	21
がいし	40
開放電圧	162
界面	22, 59
界面分極	89
化学的汚染	59
化学ルミネセンス	63
可逆磁化率	137
架橋ポリエチレン	119
架空電車線	40
核磁気共鳴画像法	50
カー効果	155
加工硬化	35
化合物半導体	54
化合物半導体系太陽電池	165
ガスドープ法	73
カソードルミネセンス	63
価電子	5
カラー	29
荷量	29
カルコパイライト系太陽電池	166
カルコパイライト系半導体	166
換算電界	94
間接遷移型	64
完全反磁性	130
管路気中送電線	46
緩和形分散	90

【き】

希ガス	7
幾何容量	84
気相	1
軌道磁気モーメント	127
希土類	6
気泡破壊理論	103
基本並進ベクトル	15
逆効果	92
キャパシタ	110
キャリヤ	20
キュニコ	150
キュニフェ	150
キュリー温度	128
キュリーの法則	129
強磁性体	128
共晶体	37
共晶点	37
共振形分散	90

索引

鏡面加工	76
共有結合	9
強誘電体	87
許容帯	19
キルビー特許	82
禁制帯	19
金属結合	9
金属リチウム電池	175

【く】

空間電荷分極	89
空気極	168
空孔	20
クーパーペア	39
グルーオン	28
クロム鋼	148
クロム族	6
クロメル	47
クーロンの法則	29

【け】

ゲージ粒子	28
結合力	9
結晶欠陥	20
結晶面の方向	18
欠損	22
ゲッタリング	58
原子核	2
原子分極	88
元素	2
元素半導体	54

【こ】

高圧架空送電線	40
高圧法	119
高温超伝導物質	51
高温プラズマ	14
光子	28
格子	14
格子間原子	21
格子定数	15, 56
鋼心アルミより線	41
鋼心耐熱アルミ合金より線	41
高透磁率材料	140
高分子	13
高密度ポリエチレン	119
硬ろう	48
固相	1
固体高分子型燃料電池	169
固体酸化物型燃料電池	171
コバルトクロム鋼	148
コバルトフェライト	151
固溶体	36
コンスタンタン	47

【さ】

サイズ効果	103
最大エネルギー積	147
材料の誘電率	84
サージ電圧	123
鎖状高分子	117
サマコバ磁石	153
酸化物半導体	55
三重点	14
酸素族	7
残留磁化	136
残留抵抗	38

【し】

磁化	124, 125
磁荷	29, 126
紫外線劣化	106
磁界の強さ	124
磁化曲線	135
磁化困難方向	132
磁化容易方向	132
磁化率	124
磁気異方性	132
磁気異方性エネルギー	132
磁気異方性定数	132
色荷	29
磁気記録	156
磁気光学効果	155
色素増感型太陽電池	164
磁気ひずみ	133
磁気ひずみ定数	133
磁気浮上現象	38
磁気浮上式鉄道	50
磁気モーメント	124, 125
磁気量子数	3
磁区	130
シース	44
磁性	125
磁束密度	124
質量	29
自発磁化	128
自発分極	86
磁壁	133
磁壁エネルギー	134
弱荷	29
周期表	6
集合電子破壊	101
自由電子	20
重量エネルギー密度	178
重力	29, 52
重力子	29
主鎖	13
主量子数	3
シュレディンガーの波動方程式	63
昇華	74
昇華法	74
常磁性	128
焦電効果	93
焦電性	93
常誘電体	87
初期磁化曲線	137
触媒	168
ショットキー接触	58
シリコン系太陽電池	165
自立基板	75
シリンダ炉	77
真空の誘電率	84
真性キャリヤ密度	68
真性破壊	101
真電荷	86

【す】

水素結合	10
水素脆性	34
ストリエーション	78
スピネルフェライト	146
スピン磁気モーメント	126
スピン量子数	3
スペクトル密度	166
スマートカット法	80
スライシング	75
スレータ・ポーリング曲線	140

【せ】

正 極	168
正 孔	20
正効果	92
静磁エネルギー	131
石英るつぼ	71
析出物	23, 59
積層欠陥	22
積層セラミックコンデンサ	110
絶縁耐力	96
絶縁電線	43
絶縁破壊	96
絶縁破壊電圧	96
絶縁破壊電界	67, 96
絶縁破壊電界強度	96
絶縁破壊の強さ	96
絶縁劣化	104
接点材料	46
セパレータ	168
ゼーベック係数	26
ゼーベック効果	26
せん亜鉛鉱構造	57
繊維強化プラスチック	121
遷移元素	6
線欠陥	20, 21
線膨張率	32

【そ】

増感色素	164
双極子分極	88
双極子モーメント	86
相 図	13, 36
相転移	52
束縛電荷	86
塑性変形	34
ソーラーグレード	165
ソリッド抵抗	48

【た】

第一種超伝導体	40
帯-準位間発光	63
体心格子	15
体積エネルギー密度	178
体積欠陥	20, 22
第二種超伝導体	40
ダイヤモンド構造	56
太陽電池	160
太陽電池パネル	160
太陽電池用材料	180
多結晶	23
多結晶シリコン	70, 165
ダッシュネッキング	71
種結晶	71
タングステン	46
タングステン鋼	148
単結晶	23
単結晶シリコン	70, 165
短周期型周期表	7
単純格子	15
弾性変形	34
単 線	40
炭素鋼	148
炭素族	7
炭素抵抗	48
炭素被膜抵抗	48
タンタル酸リチウム	111
タンデル	91
タンデルタ	91
短絡電流	161

【ち】

蓄電池用材料	180
チタン酸ジルコン酸鉛	111
チタン族	6
窒素族	7
中性子	2
中性子照射法	73
鋳造磁石	149
中・低圧法	119
超格子	60
長周期型周期表	6, 181
超伝導	38
超伝導電磁石	50
超伝導量子干渉計	50
超流動	40
超臨界アンモニア	14, 75
超臨界状態	75
超臨界水	14
超臨界二酸化炭素	14
超臨界流体	14
直接遷移型	64

【つ】

ツェナー破壊	101
強い力	28, 52

【て】

低温プラズマ	14
抵抗材料	46
抵抗率	31
底心格子	15
定置型発電	172
低密度ポリエチレン	119
テクスチャー構造	161
鉄-コンスタンタン熱電対	47
鉄 族	7
鉄 損	139
転 位	21, 59
電 荷	29
電界質	168
電界放出破壊	101

索　引

電気感受率	84	内周刃	75	発光ダイオード	62
電気・機械的破壊	101	ナス電池	173	発光中心	58
電気双極子	85	ナトリウム硫黄電池	176	パッシェンの法則	99
電気の負性気体	113	鉛蓄電池	175	ハードフェライト	152
電気トリー	108	鉛フリーはんだ	48	バナジウム族	6
電気二重層キャパシタ	177	軟質磁性材料	140	パーマロイ	143, 154
電気分解反応	167	軟ろう	48	バルクハウゼン効果	135
典型元素	6	【に】		バルクハウゼンジャンプ	135
点欠陥	20			ハロゲン	7
電子移動度	66	ニオブ酸リチウム	111	反強磁性	129
電磁気力	28, 52	ニクロム	47	半合成紙	117
電子雲	3	二次電池	172	反磁性	130
電子的破壊	100	ニッカド電池	172	はんだ	48
電子雪崩	97	ニッケルカドミウム電池		パンタグラフ	41
電子雪崩破壊	101		173	バンドギャップ	20
電子分極	87	ニッケル水素電池	174	バンド端発光	63
電子飽和速度	67	ニュートロン	2	バンド伝導	95
展　性	9	【ね】		万有引力の法則	29
電束密度	84				
伝導キャリヤ	20	ネオジム磁石	153	【ひ】	
電力ケーブル	44	熱可塑性	117	ピエゾ効果	92
【と】		熱可塑性樹脂	118	比磁化率	137
		熱硬化性	120	ヒステリシス曲線	136
同位体	2	熱硬化性樹脂	120	ヒステリシス損	138
銅-コンスタンタン熱電対		熱的破壊	100	ヒッグス粒子	29
	47	熱伝導度	67	比透磁率	124, 137
透磁率	124	熱劣化	105	火花開始電圧	99
銅　族	7	ネール温度	128	微分磁化率	137
銅　損	139	燃料極	168	比誘電率	84
導電性プラスチック	82	燃料電池	168	表　面	22, 59
導電率	31	燃料電池車	172	【ふ】	
ドーパント不純物	58	燃料電池用材料	180		
等方性磁石	152	【は】		ファンデルワールス結晶	10
透明電極	160			ファンデルワールス力	10
透明導電膜	49	配向分極	89	フィルファクター	160
トムソン係数	27	排　熱	172	フェライト	128, 146
トムソン効果	27	パウリの排他律	5	フェリ磁性体	128
トラッキング劣化	106	バーガーズベクトル	22	フェロ磁性体	128
トンネルダイオード	82	刃状転位	21	フォトダイオード	61
【な】		裸硬鋼より線	41	フォトルミネセンス	63
		裸電線	40	フォノン	64
内因性積層欠陥	22	白　金	168	負　極	168
内因性点欠陥	20	白金族	7	複合絶縁巻線	42

複素誘電率	85	ホール移動度	66	誘電損角	91
不純物ドーピング	20	ホール効果	64	誘電体	87
フックの法則	34	ホール定数	66	誘電分極	86
物質粒子	28			誘電分散	90
沸　点	10	【ま】			
物理的汚染	59	マイスナー効果	38	【よ】	
部分放電	107	枚葉炉	77	陽　子	2
部分放電劣化	107	巻　線	42	溶融炭酸塩型燃料電池	171
プラズマ	14	マグネットワイヤ	42	横巻線	42
ブラベー格子	15	マルチワイヤーソー	75	より線	40
プール・フレンケル効果	95	マンガニン	46	弱い力	28, 52
ブルーレイディスク	62	マンガン族	6		
プロセス導入欠陥	58			【ら】	
プロトン	2	【み】		ライフタイム制御	58
分極電荷	83	未結合手	24	ラゴンプロット	179
分極率	87	水トリー劣化	108	らせん転位	22
分散関係	64	ミニバッチ炉	77	ラッピング	75
分子結晶	10	ミラー指数	18		
分子線エピタキシー法	78			【り】	
		【む】		リチウムイオン電池	175
【へ】		無機高分子	13	リッツ線	43
ベクトル	15	無機物	13	量子効率	167
ベークライト	121			良性 PRIDE	58
ヘテロ接合	60, 78	【め】		両面受光型	161
ベルジャー炉	77	面欠陥	20, 22	臨界圧力	14
ペルチェ係数	27	面心格子	15	臨界温度	14, 38, 51
ペルチェ効果	26			臨界磁界	39
偏析現象	72	【や】		臨界電流密度	39
		焼入れ	36	リン酸型燃料電池	170
【ほ】		焼なまし	36		
ボーア磁子	127	ヤング率	103	【る】	
ボイド	22, 107			ルミネセンス	63
方位電子数	3	【ゆ】			
放射線劣化	106	有機金属	79	【れ】	
ホウ素族	7	有機金属 CVD 法	79	レアアース	153, 182
放　電	97	誘起電気分極	86	レアメタル	49, 182
飽和磁化	135	有機物	13	レドックスフロー電池	177
飽和磁束密度	146	有機物系太陽電池	166		
保磁力	136	融　点	10	【わ】	
ホモ接合	60	誘電吸収	90	ワイドギャップ半導体	68
ポリッシング	76	誘電正接	91		
ポリフッ化ビニリデン	111	誘電損	91		

索引

【アラビア数字】

180°磁壁　　　　　　　　　133
2H 構造　　　　　　　　　　57
3C 構造　　　　　　　　　　57
600V ビニル絶縁電線　　　　44
90°磁壁　　　　　　　　　　133

【ローマ数字】

II - VI族化合物半導体　　55, 166
III - V族化合物半導体　　54, 165
IV族元素半導体　　　　　　54
IV - IV族化合物半導体　　　55

【A】

ACSR　　　　　　　　　　　41
AM　　　　　　　　　　　166

【B】

BOX 層　　　　　　　　　　79

【C】

CD　　　　　　　　　　　　62
CdTe/CdS 系太陽電池　　　166
CMP　　　　　　　　　　　76
COP　　　　　　　　　　　59
CVD 法　　　　　　　　70, 79
CV ケーブル　　　　　　　　44
CZ 法　　　　　　　　　　　70

【D】

D-A ペア発光　　　　　　　63
DVD　　　　　　　　　　　62

【E】

EDLC　　　　　　　　　　177

【F】

FC　　　　　　　　　　　168

FRP　　　　　　　　　　　121
FZ 法　　　　　　　　　　　72

【G】

GaAs 系太陽電池　　　　　165
GIL　　　　　　　　　　　　46

【H】

HDPE　　　　　　　　　　119
HVPE 法　　　　　　　　　75

【I】

IGBT　　　　　　　　　53, 123
ITO　　　　　　　　　　　　49
IV　　　　　　　　　　　　44

【K】

KS 鋼　　　　　　　　　　148

【L】

LDPE　　　　　　　　　　119
LEC 法　　　　　　　　　　73

【M】

MBE 装置　　　　　　　　　79
MBE 法　　　　　　　　　　78
MCFC　　　　　　　　　　169
MCZ 法　　　　　　　　　　71
MOCVD 装置　　　　　　　79
MOCVD 法　　　　　　　　79
MOS 接合　　　　　　　　　58
MRI　　　　　　　　　　　50

【N】

NAS 電池　　　　　　173, 176
Na フラックス法　　　　　　75
NTD 法　　　　　　　　　　73

【O】

OC　　　　　　　　　　　　43
OE　　　　　　　　　　　　43

OF ケーブル　　　　　　　　45
OW　　　　　　　　　　　　43

【P】

PAFC　　　　　　　　　　168
PEFC　　　　　　　　　　168
PET　　　　　　　　　　　120
pn 接合　　　　　　　　　　58
POF ケーブル　　　　　　　46
PRIDE　　　　　　　　　　58
PVDF　　　　　　　　　　111
PZT　　　　　　　　　　　111

【S】

SF　　　　　　　　　　　　22
SOFC　　　　　　　　　　169
SOI ウェーハ　　　　　　　　79
SOI 層　　　　　　　　　　79
sp 混成軌道　　　　　　　　11
sp^2 混成軌道　　　　　　11
sp^3 混成軌道　　　　　11, 55
SQUID　　　　　　　　　　50

【T】

TACSR　　　　　　　　　　41

【V】

VVF　　　　　　　　　　　44
VVF ケーブル　　　　　　　44

【ギリシャ文字】

σ 結合　　　　　　　　　11
π 結合　　　　　　　　　　11

―― 著者略歴 ――

山本　秀和（やまもと　ひでかず）
1979年　北海道大学工学部電気工学科卒業
1984年　北海道大学大学院工学研究科博士後
　　　　期課程修了（電気工学専攻）
　　　　工学博士
1984年　三菱電機株式会社勤務
2010年　千葉工業大学教授
2022年　千葉工業大学退職
　　　　グリーンパワー山本研究所
　　　　現在に至る

小田　昭紀（おだ　あきのり）
1994年　秋田大学鉱山学部電気工学科卒業
2001年　北海道大学大学院工学研究科博士後
　　　　期課程修了（電子情報工学専攻）
　　　　博士（工学）
2001年　名古屋工業大学助手
2007年　名古屋工業大学助教
2011年　千葉工業大学准教授
2014年　千葉工業大学教授
　　　　現在に至る

現代電気電子材料
Modern Electrical and Electronic Materials

　© Hidekazu Yamamoto, Akinori Oda 2013

2013年 9月13日　初版第1刷発行
2022年 11月25日　初版第7刷発行

|検印省略|

著　者　山　本　秀　和
　　　　小　田　昭　紀
発行者　株式会社　コロナ社
　　　　代表者　牛来真也
印刷所　萩原印刷株式会社
製本所　有限会社　愛千製本所

112-0011　東京都文京区千石 4-46-10
発行所　株式会社　コロナ社
CORONA PUBLISHING CO., LTD.
Tokyo Japan
振替 00140-8-14844・電話(03)3941-3131(代)
ホームページ　https://www.coronasha.co.jp

ISBN 978-4-339-00853-1　C3054　Printed in Japan　　（新宅）

〈出版者著作権管理機構 委託出版物〉
本書の無断複製は著作権法上での例外を除き禁じられています。複製される場合は，そのつど事前に，出版者著作権管理機構（電話 03-5244-5088，FAX 03-5244-5089，e-mail: info@jcopy.or.jp）の許諾を得てください。

本書のコピー，スキャン，デジタル化等の無断複製・転載は著作権法上での例外を除き禁じられています。購入者以外の第三者による本書の電子データ化及び電子書籍化は，いかなる場合も認めていません。
落丁・乱丁はお取替えいたします。